Duden

Frag dein Mathe-Team

7. Klasse

Neues Erklärprinzip –
von Schülern für Schüler

Dudenverlag
Berlin • Mannheim • Zürich

Bibliografische Information der Deutschen Nationalbibliothek
Die Deutsche Nationalbibliothek verzeichnet diese Publikation in der Deutschen Nationalbibliografie; detaillierte bibliografische Daten sind im Internet über http://dnb.d-nb.de abrufbar.

D C B A
Bibliographisches Institut GmbH
Mecklenburgische Straße 53, 14197 Berlin

Redaktionelle Leitung Simone Senk, Constanze Schöder
Redaktion Dr. Wiebke Salzmann
Autorin Bärbel Volmer
Illustrationen Carmen Strzelecki; blatteins, Freiburg

Herstellung Ursula Fürst
Layout Patricia Müller, Berlin
Umschlaggestaltung X-Design, München
Umschlagabbildungen shutterstock.com / Julien Tromeur, shutterstock.com / Real Illusion
Satz Katrin Kleinschrot, Stuttgart
Druck und Bindung fgb – freiburger graphische betriebe GmbH & Co. KG
Bebelstraße 11, 79108 Freiburg i. Br.
Printed in Germany

ISBN 978-3-411-70864-2

INHALT

7 BERECHNUNGEN AN VIELECKEN UND PRISMEN

8 DATEN UND WAHRSCHEINLICHKEITEN

1 TERME

BEISPIEL

Terme sind mathematische Ausdrücke wie:
4 – 8 oder 3x + 7 oder 5a + 9a – 13 a.

VERWENDUNG

Mit Termen kannst du **Aufgaben berechnen, bei denen dir eine Größe fehlt.** Du weißt z. B., dass die eine Seite eines Rechtecks 3 cm und eine Seite 7 cm lang ist. Nun willst du wissen, wie groß der Umfang ist. Dazu kannst du einen Term aufstellen:
$2 \cdot 3\text{ cm} + 2 \cdot 7\text{ cm}$.
Wenn du diesen Term berechnest, erhältst du den Umfang:
$2 \cdot 3\text{ cm} + 2 \cdot 7\text{ cm} = 20\text{ cm}$.

WIEDERHOLEN

Das sollten wir schon können:
- Addieren, Subtrahieren, Multiplizieren, Dividieren von ganzen und rationalen Zahlen
- Potenzen
- Vorfahrtsregeln
- Vorzeichenregeln
- Kommutativgesetze der Addition und der Multiplikation
- Assoziativgesetze der Addition und der Multiplikation
- Bruchrechnung

zero

Hey, Leute, ist einer online? Hab mal wieder ein Problem in Mathe.
Wir machen so'n komisches Thema: ***Terme.*** Ich soll $3 \cdot x \cdot 2 + 4 \cdot (3 - x)$ vereinfachen und zusammenfassen und hab keinen Plan. Was solln denn die x?

KrizZy

Klar – bin online ... Immer für dich da! Ist doch einfach:
Ein Term ist ein **Rechenausdruck aus Zahlen und Variablen.** ***Variablen*** sind **Platzhalter für Zahlenwerte,** die man nicht kennt. Deshalb sagt man statt Variable auch ***Unbekannte.*** Meistens benutzt man dafür Buchstaben wie x, y, z oder a, b, c usw. Also sind deine x Variablen.

Einstein

Bin auch wieder da! Also für deine Aufgabe musst du wissen, dass du mit Variablen genauso rechnest, wie du das immer schon gemacht hast – zur Erinnerung die ***Rechenregeln*** mit Zahlen:

- **von links nach rechts rechnen:**
  $3 + 5 + 8 - 12 - 2 + 7 = 16 - 12 - 2 + 7$
  $= 4 - 2 + 7 = 9$
- **Klammern zuerst rechnen:**
  $(9 + 6) - (3 + 7) = 15 - 10 = 5$
- **bei mehreren Klammern von innen nach außen rechnen:**
  $3 \cdot [17 - (9 + 3)] = 3 \cdot [17 - 12] = 3 \cdot 5 = 15$
- **Potenzen haben Vorrang:**
  $2^3 - 2^2 + 9 = 8 - 4 + 9 = 13$
- **Punkt- vor Strichrechnung:**
  $5 \cdot 8 - 4 \cdot 7 = 40 - 28 = 12$

Nun zu deiner Aufgabe – erst die Klammer auflösen:

$$3 \cdot x \cdot 2 + 4 \cdot (3 - x) = 3 \cdot x \cdot 2 + 12 - 4 \cdot x,$$

dann von links nach rechts rechnen und zum Schluss noch die Ausdrücke mit x zusammenfassen:

$$6 \cdot x + 12 - 4 \cdot x = 2 \cdot x + 12.$$

PacPoc

Weiterrechnen kannst du erst, wenn du für deine Variable eine Zahl einsetzt. Dann **nimmt der Term auch einen Wert an.** Wenn du z.B. 2 für x in deinen Term einsetzt, erhält der Term den Wert

$$2 \cdot 2 + 12 = 4 + 12 = 16.$$

zero

So was haben wir auch in der Schule gemacht. Wir hatten so einen Term und sollten Zahlen einsetzen und dann eine Tabelle aufstellen. Hab ich aber nicht hingekriegt ...

KrizZy

Na klar, du meinst eine ***Wertetabelle.*** Kenne ich. Wir hatten den Term $7 \cdot x - 5$ und sollten die ganzen Zahlen von −2 bis +2 in den Term einsetzen. Dann den Term mit diesen Zahlen berechnen und die Ergebnisse in eine Tabelle eintragen.

x	$y = 7 \cdot x - 5$
−2	$7 \cdot (-2) - 5 = -19$
−1	$7 \cdot (-1) - 5 = -12$
0	$7 \cdot 0 - 5 = -5$
1	$7 \cdot 1 - 5 = 2$
2	$7 \cdot 2 - 5 = 9$

PacPoc

Das geht auch mit **Brüchen** oder **Dezimalzahlen:**

x	$y = 7x - 5$
−0,5	$7 \cdot (-0{,}5) - 5 = -8{,}5$
$\frac{1}{3}$	$7 \cdot (-\frac{1}{3}) - 5 = -\frac{22}{3}$
0,25	$7 \cdot 0{,}25 - 5 = -3{,}25$
$1\frac{2}{5}$	$7 \cdot 1\frac{2}{5} - 5 = 4\frac{4}{5}$

Einstein

Ein paar Sachen müsst ihr noch beachten:

- Steht eine Zahl als Faktor vor der Variablen, nennt man sie ***Koeffizient.*** In $4 \cdot x$ ist 4 der Koeffizient.
- Die **Malpunkte** darfst du dir sparen, auch vor Klammern darfst du die **weglassen:** $4 \cdot (5 - x) = 4(5 - x)$.
- Wenn der Koeffizient 1 ist, kannst du den auch weglassen: $1 \cdot x = 1x = x$.
- Gleiche Variablen mit gleichen Exponenten (Hochzahlen) darfst du **zusammenfassen:**
  $x^2 + 3 - x + 4y - 1 - 5x + 3x^2 = 4x^2 + 2 - 6x + 4y$
- Man **sortiert** die Variablen immer alphabetisch und schreibt die mit den höchsten Exponenten zuerst:
  $4x^2 + 2 - 6x + 4y = 4x^2 - 6x + 4y + 2$

KrizZy

Hab da noch mal was ganz anderes zum Thema Terme: Wir sollen den Term $2x - 7$ mit **Worten beschreiben** ... Sind wir hier im Deutschunterricht, oder was? 😨

PacPoc

Das ist doch nun wirklich einfach! Du musst nur die Begriffe kennen:

Addieren → **Summand + Summand = Summe**
Subtrahieren → **Minuend – Subtrahend = Differenz**
Multiplizieren → **Faktor · Faktor = Produkt**
Dividieren → **Dividend : Divisor = Quotient**

Einstein

Und dann beschreibst du einfach, was du tust. Dabei steht ein Buchstabe wie x für die gesuchte Zahl. Nun zu deiner Aufgabe: Subtrahiere 7 vom Doppelten einer Zahl.

PacPoc

Warte! Wenn man das so kurz formuliert, wie Einstein das gerade gemacht hat, wird es leicht unübersichtlich. Du kannst das auch in zwei Schritten formulieren: „Multipliziere eine Zahl mit 2 und subtrahiere davon 7."

KrizZy

Und was mach ich umgekehrt? Wenn ich also die Aufgabe habe: Multipliziere die Summe aus einer Zahl und 3 mit 25 und subtrahiere davon das 11-Fache der Zahl?

Einstein

Übersetz das in einen Term:

eine Zahl	x
die Summe aus der Zahl und 3	$x + 3$
multipliziere die Summe mit 25	$25(x + 3)$

Hier ist es ganz wichtig, dass du die Summe aus x und 3 in Klammern setzt. Ohne die Klammer würdest du nur x mit 25 multiplizieren, weil Punkt- vor Strichrechnung gilt!

Subtrahiere davon	$25(x + 3) -$
das 11-Fache der Zahl	$11x$
Der Term heißt dann also:	$25(x + 3) - 11x$.

1 **Erinnerst du dich noch an das Assoziativgesetz und das Kommutativgesetz?**
Vervollständige die Lückentexte.

a | **Kommutativgesetz der Addition**

Beim Addieren darfst du die ____ vertauschen,

ohne dass sich das Ergebnis ändert: 23 + 56 = 56 + 23

= ____

Kommutativgesetz der Multiplikation

Beim Multiplizieren darfst du die Faktoren ____,

ohne dass sich das Ergebnis ändert: 4 · 16 = ____ · 4 = 64

Beim Subtrahieren darfst du ____ und ____

nicht einfach vertauschen: 18 – 79 = ____, aber

79 – 18 = ____

Beim ____ darfst du Dividend und Divisor

____ einfach vertauschen: 24 : 6 = ____,

aber 6 : 24 = ____

b | **Assoziativgesetz der Addition**

In einer Summe aus mehreren Summanden kannst du die

Reihenfolge der Rechenschritte ____:

27 + (48 + 16) = (27 + 48) + 16 = ____

Assoziativgesetz der Multiplikation

In einem Produkt aus mehreren ____ darfst du

die ____ der Rechenschritte vertauschen:

32 · (17 · 49) = (32 · 17) · 49 = ____

2 Vervollständige die Lückentexte zu Vorzeichen und Potenzen.

a | Vorzeichenregeln

Bei Addition und Subtraktion darfst du Vorzeichen und Rechenzeichen ______. Sind Vorzeichen und Rechenzeichen gleich, ergibt das +, sind sie unterschiedlich, ergibt das –:

57 + (+34) = 57 ___ 34 = 91

57 + (–34) = 57 ___ 34 = 23

57 – (+34) = 57 ___ 34 = 23

57 – (–34) = 57 ___ 34 = 91

Ein Produkt aus mehreren Faktoren ist positiv, wenn alle Faktoren ______ sind; positiv, wenn die Anzahl der negativen Faktoren ______ ist; negativ, wenn die Anzahl der ______ Faktoren ______ ist.

b | Potenzen

Die Multiplikation gleicher Faktoren kann als ______ geschrieben werden: $3 \cdot 3 \cdot 3 \cdot 3 = 3^4$

Dabei ist 3 die ______ und 4 der ______ oder die Hochzahl. Der Exponent gibt die Anzahl der Faktoren an. Ist die Basis positiv, so ist auch die Potenz ______; ist die Basis negativ, so ist die Potenz positiv, wenn der Exponent ______ ist; und die Potenz ist ______, wenn der Exponent ungerade ist.

3 Berechne und denke an die Rechenregeln.

a | $3 \cdot 7 - 12 + 24$

b | $5(3 + 4) - 6(23 - 21)$

c | $7(91 - 3[27 - 31 + 2 \cdot 4])$

d | $11(15 - 21) - (71 - 91) \cdot 4$

e | $3{,}5 \cdot 8 - 1{,}2 \cdot 5{,}2 + 2{,}1 \cdot 8 \cdot (-2)$

f | $0{,}25(7{,}5 - 2{,}8 \cdot 3) - 12{,}5 : 0{,}5$

4 Setze für die Variablen die angegebenen Zahlen ein und berechne den Wert des Terms.

a |

x	2x + 5
−10	
−5	
−1	
0	
1	
2	
3	

b |

x	3x − 7
−4	
−3	
−2	
$-\frac{1}{2}$	
0	
$\frac{1}{3}$	
2,5	

c |

x	4(x + 0,5)
−2	
−1	
−0,2	
1	
2	
3,6	

d |

x	$\frac{x+2}{4}$
−6	
−2	
−1	
$-\frac{1}{2}$	
0	
1	

5 **Setze die Werte für x in die Terme ein und berechne die Terme.**

a |

x	$x^2 - 5$
−10	
−2	
−0,5	
0	
1	
5	
$\frac{1}{2}$	
2,5	

b |

x	$(x - 2)^2$
−3	
−2,25	
−2	
$-1\frac{1}{2}$	
0	
$2\frac{1}{3}$	
2,5	
3,2	

6 **Setze für x nacheinander die Zahlen 3; 8,5; $\frac{1}{4}$; $2\frac{1}{2}$; 3,2 ein und berechne den Wert des Terms.**

a | $2 + (x - 3) \cdot 3$
b | $(x + 1)(x - 1)$
c | $(2 + x) : 10$
d | $3x^2 - 4x + 21$
e | $4(x - 2)^2$
f | $4x^2(x + 1)$

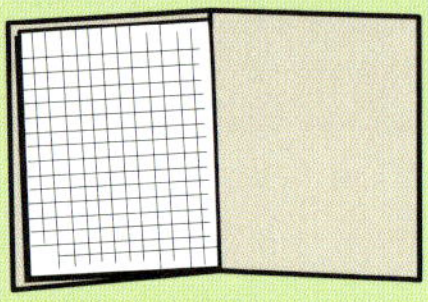

7 **Gib drei Werte für x an, sodass der Wert des Terms größer als 20 ist.**

a | $2x + 5$ x = ____ ; x = ____ ; x = ____

b | $(x - 4) \cdot 2$ x = ____ ; x = ____ ; x = ____

c | $\frac{1}{4}(2x + 4)$ x = ____ ; x = ____ ; x = ____

d | $(x + 1)(x - 2)$ x = ____ ; x = ____ ; x = ____

8 Finde zu der folgenden Tabelle einen passenden Term.

a |

x	
0	0
1	4
2	8
3	12
4	16
5	20

b |

x	
0	5
2	9
4	13
6	17
8	21
10	25

c |

x	
−10	−40
−5	−15
0	10
5	35
10	60
15	85

d |

x	
−2,5	−28,5
−2	−27
−1	−24
1	−18
2	−15
4	−9

9 Fasse die Terme so weit wie möglich zusammen.

a | $3x + 5y - 4x + 7y - y - 12y + 10x$
b | $11a - 3b - 7a + 12b + 4a - 8b - 8a$
c | $m + m - m + m + m - m$
d | $10x - x + 10x - x$

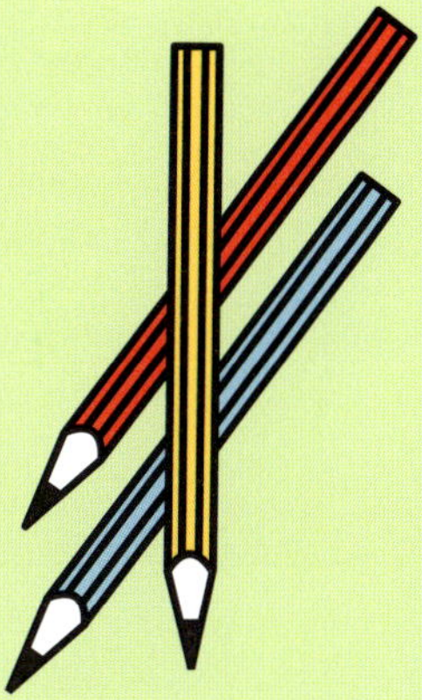

10 Fasse die Terme zusammen.

a | $3 \cdot 4x$
b | $(-2)(-7a)$
c | $16x \cdot (-3)$
d | $5x \cdot 3 \cdot 2$

11 Schreibe den zugehörigen Term auf.

a | Das Doppelte einer Zahl.
b | Der vierte Teil einer Zahl.
c | Die Summe aus einer Zahl und 19.
d | Das Produkt aus einer Zahl und 14.
e | Das Produkt aus 3 und der Differenz aus einer Zahl und 5.
f | Addiere 7 zur Summe aus einer Zahl und 8.

12 **Stelle erst einen Term auf und berechne dann.**

a | Multipliziere eine Zahl mit 8 und subtrahiere davon das 4-Fache der Zahl.
b | Dividiere das 3-Fache einer Zahl durch 6 und addiere dazu das 6-Fache der Zahl.
c | Addiere das Produkt aus einer Zahl und 5 zu der um 3 verminderten Zahl.
d | Multipliziere −3 mit der Differenz aus einer Zahl und 7.
e | Subtrahiere 25 vom Quadrat einer Zahl.
f | Bilde das Produkt aus der Differenz und der Summe aus einer Zahl und 3.

13 **Schreibe die Terme in Worten auf.**

a | $5x + 7y$
b | $(3 + 4) - (x - 5)$
c | $(8 + x) - (8 - x)$
d | $3(x + 3) - 12$

14 **Berechne die Terme aus Aufgabe 13 mit x = 4 und y = 8.**

15 **Sven liest eine Supermarktwerbung: 1 Tüte Chips 0,79 €, 1 Tüte mit 100 g Schokolade 1,14 €, 1 Tüte mit 300 g Keksen 1,49 €, 1 Tüte Lakritz 0,99 €. Er kauft jeweils ein: 3 Tüten von einer Sorte, 4, 5 und 6 Tüten von jeweils einer anderen Sorte.**

a | Schreibe dazu einen Term auf.
b | Wie viel muss Sven bezahlen, wenn er die Tüten in der Reihenfolge der Werbung kauft?
c | Welches ist die teuerste Kombination?

16 **Fasse den Term $125x : 5 + 11x \cdot 3 - 17 \cdot 2x$ zusammen.**

17 **Fasse die Terme so weit wie möglich zusammen.**

a | $4x + 7x - 5y + 3x + 9y - 11y$
b | $6(4a - 5b) + 8(7a - 8b) - (2a + 3b) \cdot 11$
c | $412ab - (-21a)b + a(-195b) - 211ab$
d | $3p \cdot 2q - 11pq + 3p(-7q) + q \cdot 27p$

zero

Hey Leute. Wir sind immer noch bei den Termen. Und haben jetzt was noch Komischeres gemacht. Das hieß **ausmultiplizieren** und **ausklammern.** Irgendwas mit dem Disti – Distru – irgendwas-Gesetz.

Einstein

Was du meinst, ist das **Distributivgesetz.** Oder besser – die Distributivgesetze.

- Du **multiplizierst eine Summe mit einem Faktor,** indem du jeden Summanden einzeln multiplizierst und die Teilprodukte addierst:
  $a(b + c) = ab + ac$
- Du kannst die Faktoren auch vertauschen – bei der Multiplikation gilt das **Kommutativgesetz:**
  $(b + c)a = ba + ca$
  Ist dasselbe wie oben.

Das Distributivgesetz gilt genauso für eine Differenz:

- Du **multiplizierst eine Differenz mit einem Faktor,** indem du Minuend und Subtrahend einzeln multiplizierst und die Teilprodukte subtrahierst:
  $a(b - c) = ab - ac$
  Oder auch hier wieder:
  $(b - c)a = ba - ca$
- Und dann kannst du auch für die **Division einer Summe oder einer Differenz durch einen gemeinsamen Divisor** Distributivgesetze aufschreiben:
  $(b + c) : a = b : a + c : a$
  $(b - c) : a = b : a - c : a$
  Klar, dass das Distributivgesetz für die Division nur so herum gilt, **bei der Division gilt das Kommutativgesetz nicht!**

zero

Ja, schön – aber was hat das denn nun mit dem Ausmultiplizieren zu tun? Was heißt ausmultiplizieren? Oder ausklammern?

PacPoc

Genau das, was Einstein dir mit seinem langen theoretischen Kram zeigen wollte ☺. **Ausmultiplizieren** bedeutet, dass du jeden Summanden in der Klammer mit dem Faktor, der davor oder dahinter steht, multiplizierst:

$$6 \cdot (2x + 8) = 6 \cdot 2x + 6 \cdot 8 = 12x + 48$$

zero

Was mache ich denn, wenn da steht $11 - (8 - 6)$? Hier wird ja nicht multipliziert, oder? Aber irgendwas war doch da mit dem **Vorzeichen?** Weil doch da vor der Klammer ein Minus steht 😟.

Einstein

Stimmt, bei einer **Minusklammer** musst du aufpassen – **beim Auflösen drehen sich die Rechenzeichen in der Klammer um:**

$$3 - 2(x - 5) = 3 - 2x + 10 = 13 - 2x$$

KrizZy

Wenn vor einer Klammer ein Minus steht, ist das doch das Gleiche, als ob du alles mit -1 multiplizieren würdest:

$$\begin{aligned} &11 - (8 - 6) \\ &= 11 + (-1)(8 - 6) \\ &= 11 + [(-1)(8) - (-1)(6)] \\ &= 11 + [-8 - (-6)] \\ &= 11 + (-8 + 6) \end{aligned}$$

Mein Lehrer sagt uns immer den Merksatz: **„Steht ein Minus vor der Klammer, dreht sich um der ganze Jammer."** 😃 Wenn du den lernst, vergisst du nie mehr, was du bei einer Minusklammer beachten musst.

zero

O.k., also beim Ausmultiplizieren multipliziere ich einfach die Summanden (oder Minuend und Subtrahend) mit dem Faktor vor der Klammer. Oder hinter der Klammer. Aber was ist ***ausklammern?*** 😟

Einstein

Ausklammern ist quasi „umgekehrtes Ausmultiplizieren": **Wenn in beiden Summanden der gleiche Faktor enthalten ist,** kannst du diesen Faktor vor die Klammer schreiben, also quasi „herausziehen". Ausklammern nennt man übrigens auch ***faktorisieren.***

PacPoc

Mach doch ein Beispiel, Einstein. So was hier:

$$8x - 12 = 4 \cdot 2x - 4 \cdot 3 = 4 \cdot (2x - 3)$$

$$3x^2 + 6x = 3x \cdot x + 3x \cdot 2 = 3x(x + 2)$$

Dabei versucht man immer, den größtmöglichen Faktor herauszuziehen. Das macht die weitere Rechnung leichter.

18 Multipliziere aus.

a | $3(x + 5)$
b | $(a + 5b) \cdot 4$
c | $7(a + 3b) - (6a - 4b + a) \cdot 2$
d | $-0{,}5 \cdot (m + 4n)$
e | $(\frac{1}{2} - 7a)2a - 14a^2 + 2(a + 6)$
f | $\frac{1}{3}(-3x + 6)$

19 Löse die Klammern auf.

a | $-(x + y)$
b | $-(-a + 7b)$
c | $x - (y - x)$
d | $5m - (2m - 3n + 12)$
e | $-2(b - c) - (-2b - c)$
f | $(a + b) - (a - b)$

20 Fasse zusammen.

a | $3(2x - 2y + 7z)$
b | $(11a + 9b - 11c) \cdot 9$
c | $12(u - 2v + 4w) - 3(u + 5v + 10w)$
d | $5(a + b) - 3\ (a + b) + 5(a - b)$
e | $6 - (8x + 12) + (-3x - 7) - (-4x + 10)$
f | $(-3)(3{,}5x - 11) + 12x - 6(-8 + 4{,}2x)$

21 Korrigiere zeros Hausaufgaben – was hat er falsch gemacht?

a | $7 \cdot 11{,}2 - 11{,}2 = 89{,}6$

b | $-3 \cdot 7{,}2 + 8 \cdot 7{,}2 = -7{,}2(-3 + 8) = -7{,}2 \cdot 5 = -86{,}4$

c | $5{,}4 \cdot 2 - 7 \cdot 5{,}4 + 5{,}4 \cdot 5 = 5{,}4(2 - 7 + 5) = 5{,}4$

d | $9{,}1 \cdot (-3) + 12 \cdot 9{,}1 - 6 \cdot 9{,}1 = -9{,}1(3 + 12 + 6)$
$= -21 \cdot 9{,}1 = 191{,}1$

22 **Welches ist die richtige Lösung? Ist die richtige Lösung überhaupt dabei?**

a | $-a\,(b - c + d) = \begin{cases} (1)\ ab + ac - ad \\ (2)\ -ab + ac - ad \\ (3)\ ab - ac - ad \\ (4)\ -ab + ac + ad \end{cases}$

b | $5(x - (y + z)) = \begin{cases} (1)\ 5x - 5y + 5z \\ (2)\ 5x - 5y - 5z \\ (3)\ -5x + 5y - 5z \\ (4)\ -5x - 5y - 5z \end{cases}$

c | $(-3)(u - v - w) \cdot 5 = \begin{cases} (1)\ -3u + 3v + 5w \\ (2)\ 15u + 15v + 15w \\ (3)\ -15u + 15v + 15w \\ (4)\ -15u + 15v - 3w \end{cases}$

d | $x - 7(x + 9y) - 3z = \begin{cases} (1)\ -6x + 9y - 3z \\ (2)\ -3(2x - 3y + z) \\ (3)\ (z - 3y - 2x) \cdot 3 \\ (4)\ (x - y + z) \cdot 6 \end{cases}$

23 **Faktorisiere durch Ausklammern.**

a | $2 \cdot 3x - 2 \cdot 5y$ b | $4 \cdot 9a + 8 \cdot 4b$

c | $34x - 17y$ d | $4y + 80$

e | $7a - 7$ f | $3a - \frac{12}{4}b$

24 **Faktorisiere, wo es möglich ist.**

a | $4x^2 - 5x^2 + 7y^2 + 14y^2$ b | $7ab - 21ab + 15uv - 21uv$

c | $1{,}2 - 3{,}6b + 5{,}1c - 1{,}7d$ d | $4a^2b^3 + 2a^2b^2 - 3a^3b^2 + 5a^3b^3$

25 **Wo steckt der Fehler?**

$3x^2(x - 5 - y) = 3x^3 - 15 - 3x^2y$

2 ZUORDNUNGEN UND FUNKTIONEN

BEISPIEL

4 Männer buddeln ein Loch in 12 Stunden. Wie lange brauchen 6 Männer? Hier wird die benötigte Zeit der Anzahl Männer **zugeordnet.** Es handelt sich um eine **antiproportionale Zuordnung.**
Je mehr Arbeiter, desto weniger Zeit benötigen sie:

4 Männer $\hat{=}$ 12 Stunden
1 Mann $\hat{=}$ 48 Stunden
6 Männer $\hat{=}$ 8 Stunden

6 Männer benötigen 8 Stunden.

VERWENDUNG

Proportionale oder antiproportionale Zuordnungen begegnen dir im Alltag häufig. Du musst Rezeptzutaten auf andere Personenzahlen umrechnen oder Arbeitszeiten, wie im Beispiel.

WIEDERHOLEN

Das kennen wir schon:
– Terme → 6
– Wertetabellen → 7

zero

Hey, jemand da? Wir machen so 'ne Aufgabe in der Schule, bei der ich Hilfe brauche. Wir sollen **Werte zuordnen!** Und das zeichnen. Meine Aufgabe: „Im Ausland kostet eine Handyminute 29 ct. Stelle eine Zuordnungstabelle auf und zeichne die Zuordnung."

?

Einstein

Also bei einer **Zuordnung** wird ein **Wert aus der Wertemenge einem Wert aus der Definitionsmenge zugeordnet,** also ein y-Wert einem x-Wert zugeordnet.

PacPoc

Halb so wild. Du musst der vertelefonierten Zeit die Kosten zuordnen. Die Zeit ist dein **x-Wert,** die Kosten dafür sind die **y-Werte.** Du zeichnest also eine Tabelle mit einer Spalte (oder Zeile) für die x-Werte (die Zeit) und einer Spalte / Zeile für die y-Werte (die Kosten). Das ist nix anderes als die Wertetabelle, die wir neulich schon mal hatten (→ S. 7).

x (Zeit in min)	0	1	2	3	4	5
y (Kosten in ct)	0	29	58	87	116	145

zero

Hm. Ja, o.k. Verstehe. Eine Minute telefonieren kostet 29 ct, 2 Minuten kosten 2 · 29 ct = 58 ct, 3 Minuten kosten 3 · 29 ct = 87 ct usw. Ich muss immer die Gebühr pro Minute mit der Minutenanzahl multiplizieren, dann bekomme ich die Gesamtkosten.

?

PacPoc

Genau. Das kannst du mit einer **Zuordnungsvorschrift** ausdrücken: $y = 29x$. Damit kannst du nun zu jedem x (zu jeder Zeit) das y (die Kosten) berechnen. Du kannst die Zuordnung auch in einem **Koordinatensystem** zeichnen. Du teilst die Achsen passend ein und trägst die Werte ein.

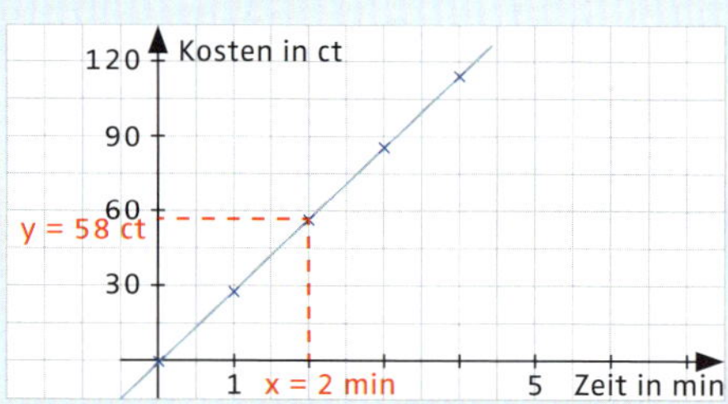

Einstein

Ist einem x-Wert eindeutig ein y-Wert zugeordnet, heißt die Zuordnung **Funktion.** Es gibt also zu jedem x nur ein y. So wie in deinem Beispiel – du bezahlst für 2 min immer 58 ct. Deine Zuordnung ist eine ***lineare Funktion,*** da die Abbildung eine ***Gerade*** ist. D. h., wenn du dich eine Einheit in x-Richtung bewegst, nimmt der Wert in y-Richtung immer um denselben Wert zu oder ab.

PacPoc

D. h., wenn du auf der Zeitachse um 1 min nach rechts gehst, musst du auf der ct-Achse immer um 29 ct nach oben gehen, also immer um **denselben Betrag.**

Einstein

Und allgemein hat eine lineare Funktion die Form:

$$y = mx + b$$

b ist der ***y-Achsenabschnitt,*** m die **Steigung** der Geraden. Bei dem Handybeispiel ist b = 0, m = 29. Die Gerade schneidet die y-Achse also bei 0.

KrizZy

Ich hab hier auch eine lineare Funktion: $y = \frac{1}{2}x + 2$. Und die soll ich zeichnen. Aber wie fang ich das an? Soll ich eine Wertetabelle aufstellen? Dazu hab ich keine Lust …

?

PacPoc

Brauchst du auch nicht. **Aus b und m kannst du 2 Punkte ermitteln,** durch die du die Gerade legen kannst. Bei dir ist b = 2 und $m = \frac{1}{2}$. Du zeichnest auf der y-Achse bei b = 2 den 1. Punkt. Den 2. Punkt erhältst du aus der Steigung: Dann gehst du eine Einheit nach rechts und m Einheiten nach oben (bzw. nach unten, wenn der Wert negativ ist). In deiner Funktion ist $m = \frac{1}{2}$, also ein Bruch. Du kannst also auch 2 nach rechts und 1 nach oben gehen. Dort liegt der 2. Punkt. Das entstandene Dreieck heißt Steigungsdreieck. Nun noch die **Gerade durch die beiden Punkte zeichnen.**

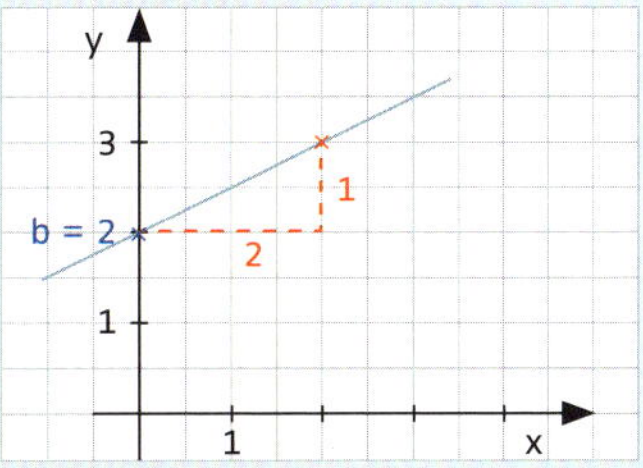

1 **Fertige jeweils eine Wertetabelle an und zeichne den zugehörigen Graphen.**

a | $y = 2x - 3$ b | $y = 3x$ c | $y = -1$ d | $y = -5x + 3$

2 **Zeichne jeweils den Graphen der angegebenen Funktion.**

a | $y = 2x + 3$
b | $y = -3x + 1$
c | $y = 4x - 1{,}5$
d | $y = -2x - 1$
e | $y = \frac{2}{3}x + 1$
f | $y = -\frac{1}{4}x - 2$

3 **Gib die Funktionsterme zu den abgebildeten Graphen an.**

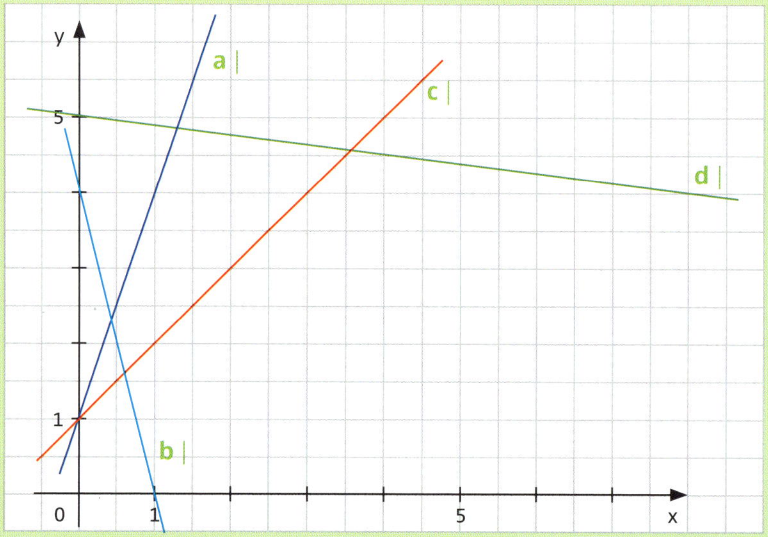

4 **Forme die Terme so um, dass du die zugehörigen Graphen mit „y =“ leicht zeichnen kannst. Zeichne die Graphen in ein Koordinatensystem.**

a | $5 = 8x - 2y$
b | $\frac{4}{5}y = \frac{1}{5}x$
c | $4 - 6x - 2y = 0$
d | $5y = 10$

5 **Zeichne Geraden durch die folgenden Punkte und lies die Funktionsterme der Graphen ab.**

a | $P(-2|-2)$ und $Q(3|3)$
b | $P(-3|0)$ und $Q(5|6)$
c | $P(0|-1)$ und $Q(2|3)$
d | $P(-0{,}5|4)$ und $Q(2|-1)$

6 **Zeichne den Graphen mithilfe von y-Achsenabschnitt und Steigungsdreieck.**

a | $y = 3x - 2$
b | $y = -\frac{1}{4}x + 2$
c | $y = -\frac{2}{3}x + 1$
d | $y = -x$

7 **Zeichne die folgenden Graphen. Gib deren Schnittpunkte mit x- und y-Achse an.**

a | $y = 4x - 2$
b | $y = -\frac{2}{5}x + 4$
c | $y = x + 1$
d | $y = -\frac{1}{6}x$

8 **Wahr oder falsch? Kreuze an.**

	wahr	falsch
a | Eine Gerade der Form $y = 3x + 1$ geht von links oben nach rechts unten (man sagt: Sie fällt).	☐	☐
b | Eine Gerade der Form $y = x$ schneidet die y-Achse bei 2.	☐	☐
c | Alle Geraden der Gleichung $y = ax$ sind Ursprungsgeraden.	☐	☐
d | Eine Gerade der Form $y = 2x - 2$ schneidet die x-Achse bei $x = 1$.	☐	☐
e | Es gibt nur 4 Ursprungsgeraden. $y = 8x + 1$ ist eine davon.	☐	☐
f | Eine Gerade durch die Punkte P(3|0) und Q(0|3) hat die Steigung −1.	☐	☐

9 **Der volle Tank eines Autos fasst 65 l. Das Auto verbraucht 6,5 l pro 100 km.**

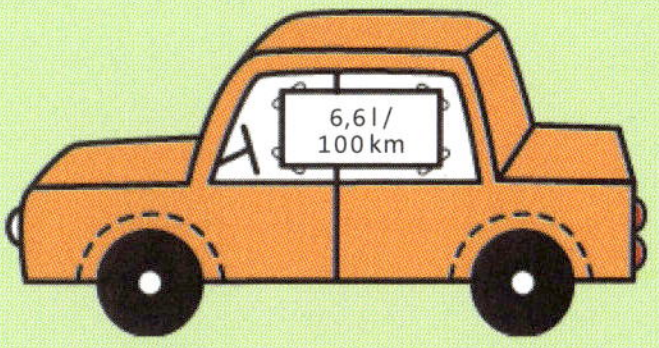

a | Zeichne einen Graphen, der diesen Sachverhalt darstellt.
b | Stelle dazu auch einen Term auf.
c | Wann ist der Tank leer, wenn er zu Beginn der Reise voll war?

10 **„Das Doppelte einer Zahl vermehrt um 3" sei die Zuordnungsvorschrift einer Funktion. Stelle einen Term dazu auf. Zeichne den Graphen zu dieser Zuordnung.**

zero

Ich nerv euch noch mal wegen der Zuordnungen. Die waren heute nicht linear, sondern proportional. Ergaben aber auch Geraden. Wieso?

Einstein

Klingt komplizierter, als es ist. **Eine proportionale Zuordnung ist eine lineare Funktion** mit $b = 0$. Der Graph einer proportionalen Zuordnung ist deshalb eine Gerade, die durch den *Ursprung P(0|0)* geht.

PacPoc

Lass mal die Theorie, hier ein Beispiel:
Ein Auto braucht 5 l Benzin pro 100 km, das sind 0,05 l pro km. Willst du den Benzinverbrauch berechnen, setzt du für diesen y, für die Entfernung x. Die Zuordnungsvorschrift ist dann: $y = 0{,}05 \cdot x$. Damit kannst du zu jedem x den y-Wert berechnen. Dazu mach ich dir mal eine Wertetabelle:

ENTFERNUNG IN KM (X)	BENZINVERBRAUCH IN L (Y)
100	5
200	10
300	15
400	20
500	25

Hier siehst du gleich – wenn sich die Entfernung verdoppelt, verdoppelt sich auch der Benzinverbrauch. Dem Doppelten / Dreifachen / Vierfachen ... der 1. Größe wird auch das Doppelte / Dreifache / Vierfache der 2. Größe zugeordnet. **Je mehr, desto mehr.** Als **Zuordnungsvorschrift** ganz allgemein: $\mathbf{y = m \cdot x}$

KrizZy

War da nicht was mit *Dreisatz?* Also meinetwegen: Wenn ein Auto auf 300 km 15 l verbraucht, wie viel verbraucht es dann auf 500 km?

PacPoc

Stimmt, nimm dazu den **proportionalen Dreisatz:**

$$
\begin{array}{lrcl}
 & 300\ \text{km} & \hat{=} & 15\ \text{l} \\
:3 & & & :3 \\
 & 100\ \text{km} & \hat{=} & 5\ \text{l} \\
\cdot 5 & & & \cdot 5 \\
 & 500\ \text{km} & \hat{=} & 25\ \text{l}
\end{array}
$$

Einstein

Du musst aber aufpassen, dass du es wirklich mit zueinander proportionalen Größen zu tun hast! Nimm mal die Aufgabe hier:
Eine Familie mit 4 Personen hat 2 Brote und kommt damit 5 Tage aus. Wie lange kommen 3 oder 5 Personen mit den Broten aus?

PERSONEN	TAGE
1	20
2	10
3	6,67
4	5
5	4

Klar – wenn mehr Leute essen, ist das Brot schneller alle! Hier gilt also: **je mehr, desto weniger.** Einer allein kommt 20 Tage lang mit den Broten aus.
Als Zuordnungsvorschrift geschrieben: $y = \frac{20}{x}$
Hier sind die Größen nicht proportional zueinander, sondern ***antiproportional*** oder ***indirekt proportional*** oder ***umgekehrt proportional.*** Bedeutet alles dasselbe ...
Die allgemeine **Zuordnungsvorschrift** ist: $\mathbf{y = \frac{k}{x}}$.
Der Graph einer antiproportionalen Funktion ist eine ***Hyperbel.***

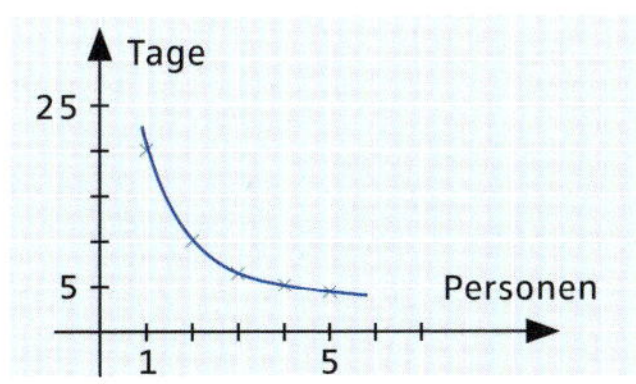

PacPoc

Um noch mal zu den Broten zurückzukommen – so was löst man dann – Überraschung! – mit dem **antiproportionalen Dreisatz.** Wie lange reichen 2 Brote bei 5 Personen?

: 4 (4 Personen → 1 Person), · 4 (5 Tage → 20 Tage)
· 5 (1 Person → 5 Personen), : 5 (20 Tage → 4 Tage)

4 Personen ≙ 5 Tage
1 Person ≙ 20 Tage
5 Personen ≙ 4 Tage

11 **Handelt es sich um eine proportionale (P) oder antiproportionale (A) Zuordnung? Kreuze an! (N = weder proportional noch antiproportional)**

	P	A	N
a | 3 Arbeiter bauen ein Haus. Wie lange brauchen sie?	☐	☐	☐
b | 100 g Spaghetti kochen 12 Minuten. Wie lange kochen 250 g?	☐	☐	☐
c | Bei einem Schriftstück mit einer Schriftgröße von 11 pt passen 42 Zeilen auf eine Seite. Wie viele passen bei einer Größe von 14 pt auf eine Seite?	☐	☐	☐
d | Das Rheinische Blasorchester braucht für ein Musikstück 3,5 Minuten. Wie lange brauchen sie, wenn die Streicher noch hinzukommen?	☐	☐	☐
e | Zu Ostern ist es in diesem Jahr 14 °C warm. Wie warm ist es zu Weihnachten?	☐	☐	☐
f | Eine Uhr dreht ihren Minutenzeiger in 15 Minuten um 45°. Wie weit dreht der Zeiger sich in 35 Minuten?	☐	☐	☐

12 **Berechne mithilfe des Dreisatzes.**

a | 7 Muffins kosten 8,05 €. Wie viel kosten 11 Muffins?

7 Muffins ≙ 8,05 €

1 Muffin ≙ ____

11 Muffins ≙ ____

b | 2 kg Heidelbeeren kosten 6,60 €. Wie viel kosten 15 kg?

2 kg ≙ 6,60 €

____ kg ≙ ____ €

15 kg ≙ ____ €

c | Eine Übernachtung mit Frühstück kostet für 3 Nächte 171 €. Wie viel bezahlt man für 2 Wochen?

13 **Eine Mittelstreckenläuferin braucht für 800 m auf einer 400-m-Stadionbahn 2 Minuten und 8 Sekunden. Wie lang braucht sie für 1500 m, wenn sie jede Runde gleich schnell läuft?**

14 **Um ein Schwimmbad vollzupumpen, brauchen 8 Pumpen 7 Stunden. Wie viel schneller sind 12 Pumpen?**

15 **Für eine Busreise muss die Klasse 7 d mit 28 Schülern pro Person 132 € bezahlen. Wie viel Euro wird es pro Schüler teurer, wenn 2 Schüler kurzfristig absagen?**

16 **Fünf Arbeiter brauchen zum Ausheben eines Schachtes 32,5 Stunden. Wie lange brauchen acht Arbeiter dafür? Wie lange brauchen die Arbeiter, wenn nach einer Stunde ein weiterer Arbeiter dazukommt?**

17 **Der Herbergsvater der Jugendherberge „Zum Tüftenschmaus" hat günstig Kartoffeln eingekauft.**

a | Für die Klasse 7b kauft der Herbergsvater 36 kg Kartoffeln, die 3 Tage lang reichen. Wie viel braucht er für 1 Woche?
b | Der Herbergsvater kauft für eine andere Gruppe 150 kg Kartoffeln ein. Diese Gruppe kommt aber statt mit 30 nur mit 25 Personen. Wie viele Tage länger reichen die Kartoffeln?

18 **Nadja und Steffen machen eine Fahrradtour. Wenn sie täglich 15 € ausgeben, können sie 9 Tage verreisen.**

a | Wie lange können sie fahren, wenn sie täglich 20 € ausgeben?
b | Wenn sie 12 Tage fahren wollen, wie viel Geld steht ihnen dann durchschnittlich täglich zur Verfügung?

19 **Zehn Lastkraftwagen (Lkw) brauchen für den Abtransport von Sand vier Tage und vier Stunden.**

a | Wie lange brauchen 16 Lkw?
b | Wie lange brauchen die ursprünglichen Lkw, wenn nach 4 Tagen noch 10 Lkw hinzukommen?

3 PROZENT- UND ZINSRECHNUNG

Prozentrechnung → 29
Zinsrechnung → 35

BEISPIEL

Die Steuern werden um 3 % erhöht.
Sonderangebot: Hosen jetzt 20 % günstiger.
Die Geldeinlage wird mit 3,4 % verzinst.

VERWENDUNG

Preisnachlässe, Rabatte, Skonto oder Steuererhöhungen werden in Prozenten angegeben. **Um Aussagen vergleichen und Angaben besser einschätzen zu können, bezieht man sie auf den Ausgangswert, den Grundwert. Dieses Verhältnis gibt man dann in Prozent an.** So lassen sich Aussagen besser miteinander vergleichen. Da Prozent nichts anderes bedeutet als „ein Hundertstel", sind hundert Prozent (100 %) ein Ganzes. Bei der „Zu-hundert-Überlegung" überträgt man die Angabe p % auf einen Sachverhalt von 100 Einheiten: Von je 100 Einheiten sind es p Einheiten.

WIEDERHOLEN

Das sollten wir schon kennen:
- Zuordnungen → 20
- Bruchrechnung
- Rechnen mit Dezimalbrüchen
- Dreisatz → 24

zero

Oje, brauch schnell mal Hilfe bei der Aufgabe! „Sparen ist schlau: heute 20 % gespart. Berechne, wie viel Euro Herr Schmidt spart, wenn er den Fernseher, der bisher 850 € kostete, heute kauft?“ Wie mache ich das?

KrizZy

Hey zero – Da schreibst du **Anteile nicht als Brüche, sondern als Prozente:** Ein Prozent ist immer ein Hundertstel: 1 von 100 ist also $1\,\% = \frac{1}{100} = 0{,}01$.
Also spart dein Herr Schmidt $\frac{20}{100}$ von 850 €, oder gekürzt $\frac{1}{5}$ von 850 €, das sind 170 €.

PacPoc

Das kann man auch mit dem **Dreisatz** rechnen:

$100\,\% \mathrel{\hat{=}} 850\,€$

$1\,\% \mathrel{\hat{=}} 850\,€ : 100 = 8{,}50\,€$

$20\,\% \mathrel{\hat{=}} 8{,}50\,€ \cdot 20 = 170\,€$

Herr Schmidt spart heute also 170 €.

zero

Ja, aber unser Lehrer hat mit tausend Begriffen um sich geworfen, die ich nicht kapier. Naja, drei waren es. Grundwert, Prozentwert, Prozentsatz.

Einstein

Der **Grundwert** entspricht 100 % – im Beispiel die 850 €. Der **Prozentsatz** ist der relative Anteil am Ganzen, also die 20 %. Der **Prozentwert** ist der absolute Anteil, also die konkrete Euro-Angabe – das ist im Beispiel die gesuchte Größe.
Ihr könnt die Größen alle mit dem Dreisatz berechnen, **da Prozentrechnung immer proportional ist.**

KrizZy

Also könnt ihr ja auch mal ein Beispiel von mir rechnen:
Wie viel Prozent ist 75 von 2500?
Was ist denn hier gesucht?

Einstein

Klaro, hier willst du den **Prozentsatz** berechnen. Der Grundwert sind 2500, der Prozentwert sind 75.

$2500 \mathrel{\hat{=}} 100\,\%$

$1 \mathrel{\hat{=}} \frac{100}{2500}\,\% = \frac{1}{25}\,\%$

$75 \mathrel{\hat{=}} 75 \cdot \frac{1}{25}\,\% = \frac{75}{25}\,\% = 3\,\%$

Der Prozentsatz beträgt 3 %.

PacPoc

Damit es vollständig wird, brauchen wir noch ein Beispiel für die **Berechnung vom Grundwert:**
30 Eier sind 40 % von den Eiern, die die Hühner von Frau Stenzel legen. Wie viele Eier legen sie insgesamt?

$40\,\% \mathrel{\hat{=}} 30$ Eier

$10\,\% \mathrel{\hat{=}} \frac{30}{4}$ Eier

$100\,\% \mathrel{\hat{=}} \frac{30}{4} \cdot 10$ Eier $= 75$ Eier

Frau Stenzel hat also 75 Eier am Tag.

Einstein

Schneller geht das alles mit den **Formeln der Prozentrechnung.** Ich schreib euch mal eine Tabelle auf:

PROZENTWERT	PROZENTSATZ	GRUNDWERT
$W = p\,\% \cdot G$ bzw. $W = \frac{p \cdot G}{100}$	$p\,\% = \frac{W}{G}$ bzw. $\frac{p}{100} = \frac{W}{G}$ $p = \frac{W \cdot 100}{G}$	$G = \frac{W}{p\,\%}$ bzw. $G = \frac{W \cdot 100}{p}$

Ihr müsst nur immer genau überlegen, was gegeben ist und was ihr berechnen müsst. Am besten notiert ihr:

W = …, p % = …, G = …

Dann seht ihr gleich, welche Größe fehlt, und könnt die richtige Formel heraussuchen.

PacPoc

Ich versuch's mal:
68 % der Schüler einer Schule haben einen MP3-Player. Wie viele Jugendliche sind das, wenn es 1500 Schüler an der Schule gibt?
W = ?, p % = 68 %, G = 1500

Benötigte Formel: $W = \frac{p \cdot G}{100} = \frac{68 \cdot 1500}{100} = 1020$

1020 Schüler haben einen MP3-Player.

Einstein

Übrigens – da der Prozentwert ja $W = \frac{G \cdot p}{100}$ ist, kann man den Grundwert auch immer gleich **mit der Dezimalzahl multiplizieren:** 5 % von 300 = 300 · 0,05
So geht's ganz schnell.
Und wenn man etwas im Verhältnis zu 1000 betrachtet, nennt man das **Promille** (‰). 3 von 1000 sind also 3 ‰. Und 3 ‰ von 1500 € sind 4,50 €.

1 Schreibe die Prozentzahl als Bruch.

a | 3 % b | 11 % c | 9 %
d | 0,1 % e | 150 % f | 87,5 %

2 Gib als Prozent an.

a | $\frac{17}{100}$ b | 0,95 c | 1,35
d | $\frac{3}{20}$ e | $\frac{3}{5}$ f | $\frac{6}{25}$

3 Wie groß ist der prozentuale Anteil (grauer Anteil)?

a | 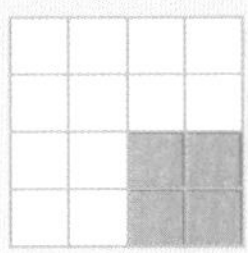
b | 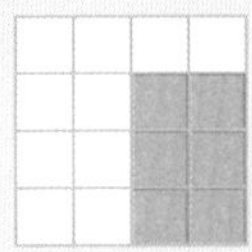
c | 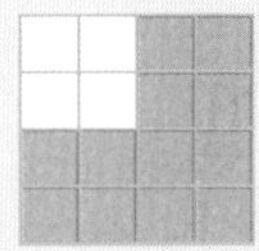

4 Wie groß ist der weiß gefärbte Anteil bei Aufgabe 3?

5 Manche Prozente musst du im Kopf rechnen können. Wie viel ist ...

a | 50 % von 1500 Stück? b | 10 % von 3240 €?
c | 25 % von 240 g? d | 120 % von 800 Personen?

6 Von welcher Zahl sind 18 ...

a | 1 %? b | 20 %? c | 50 %?
d | 75 %? e | 80 %? f | 120 %?

7 Berechne den Prozentwert.

a | 4 % von 720 € b | 3,8 % von 200 g
c | 99 % von 400 m d | 17,2 % von 7 t

8 **Berechne den Grundwert.**

a | 25 % sind 450 €.
b | 0,4 % sind 2 kg.
c | 15 % sind 1350 g.
d | 17,5 % sind 70 m.

9 **Berechne den Prozentsatz.**

a | 115 cm von 920 cm
b | 6 von 600 Schülern
c | 36 € von 800 €
d | 50 g von 1 kg

10 **Welche Größe ist gesucht? Berechne sie.**

a | 120 % sind 1488 g.
b | 350 von 875 Kindern
c | 2,5 % von 15 €
d | 17 000 ct sind 95 %.

11 **Anna gibt 25 % ihres Taschengeldes von 12 € für Süßigkeiten aus. Wie viel ist das in Euro?**

12 **500 g Ketchup bestehen aus 1320 g Tomaten, 85 g Essig, 75 g Zucker und 20 g Salz und Gewürzen. Berechne in Prozent.**

13 **„Sparen ist schlau" heißt es bei einem Elektromarkt, der einen Fernseher um 20 % heruntergesetzt hat. Wie viel kostet ein Beamer heute, wenn er vorher 890 € gekostet hat und um denselben Prozentsatz heruntergesetzt wurde?**

14 **Die Familien Weiher und Smith bekommen eine Mieterhöhung. Familie Weiher muss statt 950 € nun 1220 € bezahlen und Familie Smith statt 1200 € nun 1350 €. Wer hat prozentual die größere Mieterhöhung bekommen?**

15 **Die Klasse 7 d fährt auf Klassenfahrt. Die Klassenfahrt darf nicht teurer als 280 € sein. Davon plant die Klasse 65 % für Verpflegung und Unterbringung ein. Der Rest ist für Fahrtkosten und Ausflüge. Wie viel Euro sind das jeweils?**

16 **Die Klasse 7c wählt ihren neuen Klassensprecher. Samira bekommt 72 % und Lukas 25 % der Stimmen.**

a | Wie viele Klassenkameraden haben Samira und wie viele haben Lukas gewählt, wenn in der Klasse 32 Schüler sind?
b | Wie viele haben keinen der beiden gewählt?
c | Wenn alle 18 Mädchen der Klasse Samira gewählt haben, wie viel Prozent der Jungs haben ihr ihre Stimme gegeben?

17 **An der Humboldt-Schule wird eine Umfrage durchgeführt, wie die Schüler zur Schule kommen.**

Rad	zu Fuß	Bus
≙	≙	≙
≈ 18,2 %	≈ 27,3 %	≈ 54,5 %

a | Welche Zahlen ergeben sich für die anderen Anteile, wenn 336 Schüler zu Fuß gehen?
b | Wie viele Schüler hat die Schule insgesamt?

18 **An der Bismarck-Schule wird eine Befragung nach dem Freizeitverhalten ihrer Schüler durchgeführt: Die Schüler gaben an, dass sie am Nachmittag zu 26 % Sport treiben, zu 37,5 % Hausaufgaben machen und Nachhilfe bekommen, zu 12,3 % schlafen oder chillen, zu 7,8 % lesen, zu 10,4 % essen. Berechne die konkreten Anzahlen, wenn die Schule 990 Schüler hat, und stelle die Verteilung in einem Balkendiagramm dar.**

19 **Der MP3-Player kostete vor zwei Jahren 89 €. Der Preis wurde letztes Jahr um 5 % erhöht und dieses Jahr noch einmal um denselben Prozentsatz erhöht.**

a | Wie viel kostet der MP3-Player heute?
b | Um wie viel ist der Preis insgesamt erhöht worden?

20 **Herr Schiffer verdient 4250 € brutto. Hiervon gehen 32 % Steuern und 24,55 % Sozialversicherung ab. Wie viel Abgaben hat Herr Schiffer? Wie hoch ist sein Nettolohn?**

21 **Ein Paket wiegt 68 kg brutto. Die Ware darin wird mit einer aufwendigen Verpackung verkauft, damit sie beim Transport nicht beschädigt wird. Diese Verpackung wiegt 8,5 kg.**

a | Wie viel Prozent des Paketgewichts nimmt die Verpackung ein?
b | Wie viel Prozent vom Bruttogewicht beträgt das Nettogewicht?

22 **Eine Gruppe benötigt in zwei Tagen 350 m³ Wasser mit einer Temperatur von 60 °C. In den nächsten fünf Tagen verbraucht sie 900 m³. Um wie viel Prozent hat sich der Wasserverbrauch gesteigert?**

23 **Zum ersten Konzert der Tournee einer Popgruppe kamen 27 850 Zuschauer. Zum zweiten Konzert kamen 5 % weniger Zuschauer. Wie viele Besucher kamen zum zweiten Konzert?**

24 **15 % Steigung bedeutet, dass ein Weg auf 100 m Länge eine Steigung von 15 m hat.**

a | Wie viel Meter beträgt ein Höhenunterschied von 15 % auf 75 m?
b | Auf 35 m steigt der Weg 5 m an. Wie groß ist die prozentuale Steigung?

25 **Eine Feuerversicherung verlangt 0,5 ‰ Prämie für ein 450 000 € teures Haus. Wie viel Euro Versicherungsprämie muss der Hausbesitzer an die Versicherung zahlen?**

26 **Ein Mensch hat ca. 7,5 l Blut (das sind 7500 cm³ oder 7500 ml). Bei einer Autokontrolle wird ein Fahrer mit 1,2 ‰ erwischt. Wie viel Milliliter Alkohol hatte er im Blut?**

zero

Hilfe – jemand on? Wir sollen uns als Hausaufgabe einen Kontoauszug ansehen. 😲 Und auf dem Auszug zu meinem Taschengeldkonto steht +0,5 % **Zinsen.** Was mache ich denn damit?

PacPoc

Mit den Zinsen? Wie viel ist es denn? Reicht es, uns alle zum Eis einzuladen? Aber vermutlich willst du bloß wissen, was das heißt? 😃
Das haben wir gestern gerade gelernt. Nennt sich **Zinsrechnung** und ist fast dasselbe wie Prozentrechnung. Bei der Zinsrechnung wird nur alles anders genannt:
- Der **Grundwert** entspricht dem ***Kapital (K),***
- der **Prozentsatz** entspricht dem ***Zinssatz (p),***
- der **Prozentwert** entspricht den ***Zinsen (Z).***

Du rechnest es auch genauso.

Einstein

Stimmt. Entweder du nimmst den ***Dreisatz*** oder die ***Formeln der Zinsrechnung*** – was viel schneller geht:

Zinsen	**Zinssatz**	**Kapital**
$Z = \frac{p \cdot K}{100}$	$p = \frac{Z \cdot 100}{K}$	$K = \frac{Z \cdot 100}{p}$

PacPoc

Ich rechne mal ein Beispiel zum ***Zinssatz:*** Philipp kauft ein Auto für 16 000 €. Er nimmt einen Kredit auf und muss 1840 € Zinsen pro Jahr zahlen. Wie hoch ist der Zinssatz?
Also nehme ich die Formel für den Zinssatz:

$$p = \frac{Z \cdot 100}{K} = \frac{1840\ € \cdot 100}{16\,000\ €} = 11{,}5$$

Der Zinssatz ist 11,5 %.

KrizZy

Hey – ich steuer mal ein Beispiel zum ***Kapital*** bei, hab ich hier gerade vor mir liegen:
Herr Müller leiht sich Geld zu einem Zinssatz von 4 %. Nach einem Jahr muss er 240 € Zinsen zahlen. Wie viel hat er sich geliehen?

$$K = \frac{Z \cdot 100}{p} = \frac{240\ € \cdot 100}{4} = 6000\ €$$

PacPoc

Und weil es so schön ist, auch noch die **Zinsen.** ☺
Wenn zero 200 000 € auf seinem Sparkonto hat und einen Zinssatz von 0,5 % hat, hat er zum einen eine schlechte Bank ausgesucht, zum anderen hat er nach einem Jahr wie viel Zinsen bekommen?

$$Z = \frac{p \cdot K}{100} = \frac{0{,}5 \cdot 200\,000\,€}{100} = 1000\,€$$

zero

200 000 €! Klar. Höchstens 200 000 Mathe-Probleme. Was, wenn ich das Geld nur für 3 Monate angelegt habe? Oder 10 Tage?

Einstein

Kein Problem – für **Tages- und Monatszinsen** gibts noch weitere Formeln:

$Z_{Jahre} = \frac{p \cdot K \cdot a}{100}$ mit a für Jahre

$Z_{Monate} = \frac{p \cdot K \cdot m}{100 \cdot 12}$ mit m für Monate

$Z_{Tage} = \frac{p \cdot K \cdot t}{100 \cdot 360}$ mit t für Tage

PacPoc

Dann mal ein Beispiel mit der **Tageszinsformel:**
Kathrin nimmt einen Kredit von 960 € auf. Dafür muss sie im Jahr 14 % Zinsen zahlen. Wie viel Euro Zinsen muss sie für 69 Tage zahlen?

$$Z_{Tage} = \frac{p \cdot K \cdot t}{100 \cdot 360} = \frac{14 \cdot 960\,€ \cdot 69}{100 \cdot 360} = 25{,}76\,€$$

Kathrin muss 25,76 € Zinsen zahlen.
Zinsen werden auf 2 Stellen hinter dem Komma gerundet, weil man nur ganze Cent haben kann.

KrizZy

Könnt ihr noch? Hab nämlich auch noch eine Frage – was ist Zinseszins? Zinsen für Zinsen, oder was? Kann da gar nichts mit anfangen …

Einstein

Du hast es doch schon – stimmt nämlich, **Zinseszins** sind Zinsen für Zinsen. Wenn du 1000 € zu 3 % anlegst, bekommst du im ersten Jahr 30 € Zinsen.
Wenn du die Zinsen nicht abhebst, sondern auf dem Konto lässt, hast du im 2. Jahr also ein Kapital von 1000 € + 30 € = 1030 €.
Im 2. Jahr werden also die 1030 € zu 3 % verzinst, du bekommst dann also 30,90 € Zinsen.

27 Berechne die Jahreszinsen.

a | K = 2000 €; p % = 3 %
b | K = 7300 €; p % = 1,8 %
c | K = 790 €; p % = 1,5 %
d | K = 420 €; p % = 2,1 %

28 Berechne den Zinssatz.

a | K = 700 €; Z = 42 €
b | K = 17 500 €; Z = 350 €
c | K = 5400 €; Z = 113,40 €
d | K = 165 000 €; Z = 2640 €

29 Berechne das Kapital.

a | Z = 3400 €; p % = 5 %
b | Z = 24 €; p % = 2 %
c | Z = 1950 €; p % = 6,5 %
d | Z = 1950 €; p % = 2,5 %

30 Berechne die fehlende Größe:

	a	b	c	d	e	f
K		800 €	27 €			120 000 €
p %	15 %		75 %	10,5 %	2,5 %	
Z	1250 €	16 €		16 000 €	65 €	1880 €

31 Löse die Aufgaben zur Zinsrechnung.

a | Victoria hat 600 € auf ihrem Taschengeldkonto. Sie bekommt 1,5 % Jahreszinsen. Wie viel Euro sind das nach einem Jahr?
b | Vincent bekommt 9,30 € Zinsen für seine 600 €. Wie hoch ist der Zinssatz?
c | Wer von den beiden bekommt den besseren Zinssatz?

32 Karolina leiht sich von ihrer Tante 600 € für ein Fahrrad. Es ist Winter, deshalb will sie das Rad erst in 2 Monaten kaufen und legt das Geld zu 1,2 % Zinsen auf der Bank an. Wie viel Geld bekommt sie, wenn sie das Geld wieder von der Bank abholt?

33 **Frau Lange kauft ihr neues Auto teilweise mit einem Kredit. Die Spar-Bank bietet ihr einen Kredit über 12 000 € für 1350 € Zinsen im Jahr an. Die „Bank-für-alle" verlangt für den gleichen Kredit 10,75 % Zinsen und eine Bearbeitungsgebühr von 30 €. Welches Angebot ist günstiger?**

34 **Lottes Vater hat für ein neues Haus eine Hypothek von 220 000 € aufgenommen.**

a | Er muss dafür jährlich 12 540 € Hypothekenzinsen zahlen. Welcher Zinssatz wurde vereinbart?

b | Nach fünf Jahren werden die Hypothekenzinsen auf 13 640 € pro Jahr angehoben. Welcher Zinssatz gilt nun?

35 **Berechne die fehlenden Größen.**

	a |	b |	c |	d |
K	600 €		800 €	12 000 €
p %		2 %		3,5 %
Jahreszinsen		27		
Zeit	7 Monate	3 Monate	42 Tage	53 Tage
Monats- bzw. Tageszinsen	14 €		2,80 €	

36 **Maria Schäfer muss sich 20 000 € leihen. Welches Angebot ist günstiger?**

Kredit
++++++++++++++++++++++
Schnelles Geld
++++++++++++++++++++++
7,8% und 50 € Gebühren

»Kredit und los«

KREDIT
bis 1000 € – 10,5 %
bis 2000 € – 9,75 %
über 2000 € – 9,5 %

37 **Sebastian hat am Anfang des Jahres 2013 ein Kapital von 2500 € bei seiner Bank angelegt. Er bekommt 2,5 % Zinsen pro Jahr dafür.**

a | Wie viele Zinsen in Euro bekommt er pro Jahr dafür?

b | Wie viel Zinsen erhält er in 5 Jahren insgesamt, wenn er sich die Zinsen jedes Jahr auszahlen lässt?

c | Sein Bruder Lars legt denselben Betrag an. Da er dieselbe Bank hat wie sein Bruder, bekommt er auch denselben Zinssatz. Lars hebt die Zinsen jedoch nicht jedes Jahr ab, sondern lässt sie auf dem Konto.
Um wie viel hat sich sein Kapital nach 5 Jahren erhöht?

JAHR	GUTHABEN AM JAHRESANFANG	ZINSEN	GUTHABEN AM JAHRESENDE
2013	2500 €	62,50 €	2562,50 €
2014	2562,50 €		
2015			
2016			
2017			

Lars hat nach 5 Jahren auf dem Konto.

d | Wie viel mehr Geld hat Lars nach 5 Jahren im Vergleich zu Sebastian?

4 LINEARE GLEICHUNGEN UND GLEICHUNGSSYSTEME

BEISPIEL

Herr Yilmaz baut eine neue Treppe, jede Stufe ist 16 cm hoch und am Ende soll ein Absatz von 24 cm gebaut werden. Insgesamt soll die Treppe 2,40 m hoch werden. Wie viel Stufen muss Herr Yilmaz bauen?

VERWENDUNG

Viele Sachverhalte lassen sich mit Gleichungen berechnen. **Wenn du einen Term gleich einer Zahl setzt oder gleich einem anderen Term, stellst du eine Gleichung auf.** Mit dieser Gleichung kannst du dann z. B. die Anzahl der benötigten Stufen aus dem Beispiel berechnen.

WIEDERHOLEN

Das kennen wir schon:
- Rechnen mit Variablen und Termen → 6
- Rechenregeln → 6 f.
- Zuordnungen → 20 ff.
- Lineare Funktionen → 21 f.

KrizZy

Hey ihr da draußen! Erinnert ihr euch noch an die Terme? Wir machen das schon wieder. Aber jetzt ganz anders – als *Gleichung* nämlich: „Addiere zum 5-Fachen einer Zahl 20 und du erhältst 55. Welche Zahl ist gemeint?“ Und ich soll das nun wissen …

Einstein

Um das rauszukriegen, brauchst du eine Gleichung. Am besten fängst du mit einem *Term* an:
Die Zahl ist x; das 5-Fache der Zahl ist dann 5x.
Das schreibst du hin und dahinter ein *Gleichheitszeichen.* Das Ergebnis (also die 55) schreibst du rechts neben das Gleichheitszeichen, und tatata! Da ist die Gleichung: $5x + 20 = 55$
Jetzt musst du die nur noch lösen. Wie bei einer Waage musst du auf beiden Seiten des Gleichheitszeichens immer dasselbe machen. Du schreibst am besten hinter einen **senkrechten Strich**, was du rechnest, damit du weißt, was du gemacht hast.

$$5x + 20 = 55 \qquad | -20$$
$$5x + 20 - 20 = 55 - 20$$
$$5x = 35 \qquad | :5$$
$$5x : 5 = 35 : 5$$
$$x = 7$$

Die gesuchte Zahl ist 7.

PacPoc

Das ist ja gar nicht so schlimm! Ich führ euch mal meine Aufgabe vor, mal sehen, ob ich's kapiert hab:

$$7(3x - 2) = 28$$

Zuerst die Klammer auflösen, alles so weit wie's geht zusammenfassen und dann rechnen wie Einstein:

$$21x - 14 = 28 \qquad | +14$$

Damit habe ich sortiert – die Zahl ohne x nach rechts und die mit x bleibt links. Nun nur noch durch den Vorfaktor teilen und schon habe ich das Ergebnis:

$$21x = 42 \qquad | :21$$
$$x = 2$$

zero

Das hört sich ja gut und einfach an:
1. Klammern auflösen
2. Zusammenfassen
3. Sortieren
4. Ausrechnen
Aber woher weiß ich denn, was ich rechnen muss?

PacPoc

Sozusagen immer **das Umgekehrte.** Wenn in der Rechnung steht, dass du multiplizieren sollst, musst du dividieren, und wenn da addieren steht, musst du subtrahieren:

aus + wird – → $x + 3 = 8 \quad |-3 \quad \rightarrow x = 5$
aus – wird + → $x - 7 = 4 \quad |+7 \quad \rightarrow x = 11$
aus · wird : → $2x = 6 \quad |:2 \quad \rightarrow x = 3$
aus : wird · → $x : 3 = \frac{1}{3}x = 5 \quad |\cdot 3 \quad \rightarrow x = 15$

zero

Kann ich denn irgendwie erkennen, dass das alles geklappt hat und mein Ergebnis stimmt? Da kann man sich bestimmt leicht mal verrechnen ...

?

PacPoc

Klar kannst du eine **Probe** machen. Solltest du sogar. Setz dein Ergebnis in die Aufgabe (die ursprüngliche Gleichung) ein. Wenn auf beiden Seiten dasselbe rauskommt, hast du richtig gerechnet.

zero

Ha, super, dann kontrolliere ich dich jetzt mal! 😉
Es kam $x = 2$ raus, das setz ich in deine Gleichung ein:
$7(3 \cdot 2 - 2) = 28$
$7(6 - 2) = 28$
$7 \cdot 4 = 28$
$28 = 28$ 😃
Supi! Die **Probe** stimmt – du hast richtig gerechnet!
Und wozu brauch ich das?

Einstein

In der **Physik** hast du oft Gleichungen – z. B. Geschwindigkeit (v) = Weg (s) pro Zeiteinheit (t), also $v = \frac{s}{t}$.
Damit kannst du solche Aufgaben lösen: Ein Zug fährt mit einer Geschwindigkeit von durchschnittlich $148\,\frac{km}{h}$.
Wie viel Zeit braucht er für 666 km?
Du weißt $v = 148\,\frac{km}{h}$ und $s = 666\,km$ und suchst die Zeit:

$v = \frac{s}{t} \quad |\cdot t$
$v \cdot t = s \quad |:v$
$t = \frac{s}{v} = \frac{666\,km}{148\,\frac{km}{h}} = 4{,}5\,\frac{km \cdot h}{km} = 4{,}5\,h$

Der Zug braucht für die Strecke von 666 km 4,5 Stunden.

1 **Gib an, welcher Rechenschritt durchgeführt wurde.**

a | $5 + x = 7 \quad |$ ______

$x = 2$

b | $8x = 72 \quad |$ ______

$x = 9$

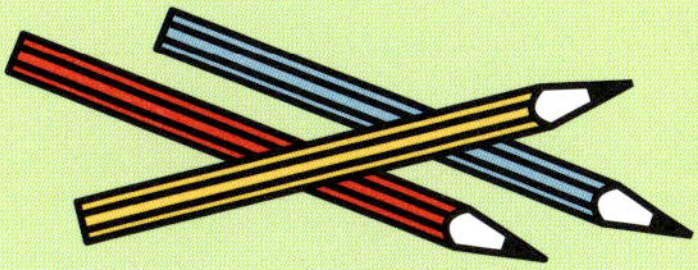

c | $6x + 12 = 8x \quad |$ ______

$12 = 2x \quad |$ ______

$x = 6$

d | $3x = x + 18 \quad |$ ______

$2x = 18 \quad |$ ______

$x = 9$

e | $\frac{1}{2}x = 14 \quad |$ ______ oder | ______

$x = 28$

f | $-x = 16$

$x = -16 \quad |$ ______ oder | ______

2 **Berechne.**

a | $7x - 12 = 23$

b | $3x + 9 = 42$

c | $8x + 3 = 6x + 17$

d | $-5 + 2x = 7 - 2x$

e | $8(2x + 3) - 10 = 30$

f | $90 = 15(x + 4) - 15x$

g | $(3 - x) \cdot 12 = 3x - 9$

h | $2x - 4(x - 2) = -16$

3 **Schreibe einen Term auf und berechne die gesuchte Zahl.**

a | Das Fünffache einer Zahl ist 100.

b | Die Summe aus einer Zahl und 37 ist 42.

c | Die Differenz von 250 und einer Zahl ist 73.

d | Die Summe zweier aufeinanderfolgender Zahlen ist 67.

4 **zero hat versucht, Hausaufgaben zu machen. Korrigiere seine Fehler.**

a | $7x + 5 = 40$
$7x = 35$
$x = 28$
$x = 1$

b | $9x - 5 - 5x = 19$
$9x - 5 = 19 + 5x$
$-14 = 14x$

c | $3(x + 3) + 4 = 2x + 9$
$3x + 9 + 4 = 2x + 9$
$3x + 4 = 2x$
$5x = 4$
$x = \frac{4}{5}$

d | $12(4x - 3) - 7 = 5$
$12(4x - 3) = 12$
$48x - 36 = 12$
$48x = 48$
$x = 1$

5 **Löse die Zahlenrätsel.**

a | Multiplizierst du eine gesuchte Zahl mit 3 und addierst 7, so erhältst du 13.
b | Addiere zu einer Zahl 9 und du erhältst 255.
c | Wenn du von einer Zahl 199 subtrahierst und 313 addierst, erhältst du das Doppelte der Zahl.
d | Subtrahiere 11 vom 6-Fachen einer Zahl und du erhältst das 8-Fache vermindert um das 3-Fache.

6 **Vater ist heute fünfmal so alt wie Sophie. In acht Jahren wird er nur noch dreimal so alt sein.**

a | Welches ist der richtige Term zu dieser Aufgabe?
(1) $5x + 8 = 3x$
(2) $5x + 8 = 3(x + 8)$
(3) $5x + 8 = 3x + 8$
(4) $3x - 8 = 5x$
b | Wie alt sind Sophie und ihr Vater heute?

7 **Jimmi und Meike sind zusammen 87 Jahre alt. Jimmi ist 9 Jahre jünger als Meike. Wie alt ist Meike?**

8 **Löse die Aufgaben zur Geometrie.**

a | Der Umfang eines gleichseitigen Dreiecks beträgt 930 cm. Wie lang ist eine Seite?
b | Ein Würfelgitter wird aus Draht gebaut. Wie lang ist eine Kante, wenn 204 cm Draht verbraucht wurden?

9 **Löse die Gleichungen.**

a | $23x + 5 = 17x + 9x + 2 - 3x$
b | $28 - 14x + 25 - 4x = 10x + 34 - 28 + 9$
c | $10(7x + 15) = 40 + 2(34x + 50)$
d | $13 - (7x - 9) + (23x - 11) - (19 + 18x)$
$= 3x - 2(x - 13) - 13$

10 **KrizZy hat gerechnet. Was sagst du dazu? Hat er richtig gerechnet? Berate oder korrigiere ihn!**

$$
\begin{aligned}
5(x + 9) - 11(x - 2) &= 7(x - 9) \\
5x + 45 - 11x + 22 &= 7x - 63 && |-7x \\
5x + 45 - 11x - 7x + 22 &= -63 && |-22 \\
5x + 45 - 11x - 7x &= -63 - 22 && |-45 \\
5x - 11x - 7x &= -63 - 22 - 45 && |-45 \\
-13x &= -130 && |:13 \\
-x &= -10 && |:(-1) \\
x &= 10
\end{aligned}
$$

11 **Handyanbieter TEL-GUT bietet seinen Kunden folgendes Angebot an: Grundgebühr 19,90 € und pro Minute telefonieren 17 ct. Anbieter SUPER-MOBILE bietet an: all-inclusive für 39,80 €. Ab wie viel Minuten telefonieren ist SUPER-MOBILE günstiger?**

12 **Frau Meise fährt mit dem Fahrrad durchschnittlich 11 km/h.**

a | Wie lange braucht sie für 126,5 km?
b | Welche Strecke schafft sie in 5 Stunden?
c | Wie weit fährt sie in 45 min?

13 **Es gilt Dichte = $\frac{\text{Masse}}{\text{Volumen}}$. Wie schwer ist ein Stück Buchenholz mit einer Dichte von 0,7 g / cm³, das 20 cm³ groß ist?**

14 **Du kannst lineare Gleichungen einer bestimmten Form auch zeichnerisch lösen, nämlich Gleichungen der Form b = mx + c. Du stellst dazu die lineare Funktion y = mx + c auf, d. h., du ersetzt die Konstante b auf der linken Seite der Gleichung durch y.**
Löse die Gleichung $-\frac{1}{2}x + 3 = 2$ zeichnerisch.

a | Stelle die zugehörige lineare Funktion auf.

b | Zeichne den Graphen der Funktion in das Koordinatensystem.

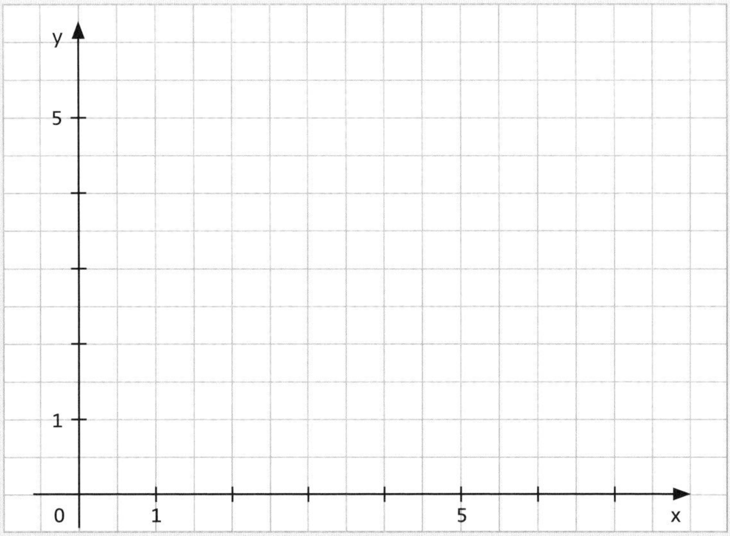

c | Du hast die rechte Seite der Gleichung durch y ersetzt.

Das bedeutet y =

d | Nun liest du aus dem Graphen der Funktion die zum

y-Wert gehörende x-Koordinate ab: x =

15 **Zeichne die Geraden mit $y_1 = -\frac{1}{2}x + 2$ und $y_2 = \frac{1}{4}x + 0{,}5$. Bestimme den Schnittpunkt der Geraden durch Ablesen und berechne ihn auch.**

zero

Jetzt habe ich die Gleichungen endlich verstanden, da gibts schon wieder was Neues: ***Ungleichungen!*** Was mach ich denn damit? Was ist das überhaupt?

Einstein

In einer Gleichung steht ein Gleichheitszeichen und in einer Ungleichung steht ein ***Ungleichheitszeichen*** – also **größer als (>), kleiner als (<), größer als oder gleich (≥), kleiner als oder gleich (≤).**

zero

Also ist eine **Ungleichung** so was wie: $x > 2$?

Einstein

Genau. $x > 2$ ist eine Ungleichung, die von allen Zahlen gelöst wird, die größer sind als 2. Die ***Lösungsmenge*** ist dann $L = \{x | x > 2\}$. Das kannst du auch zeichnen:

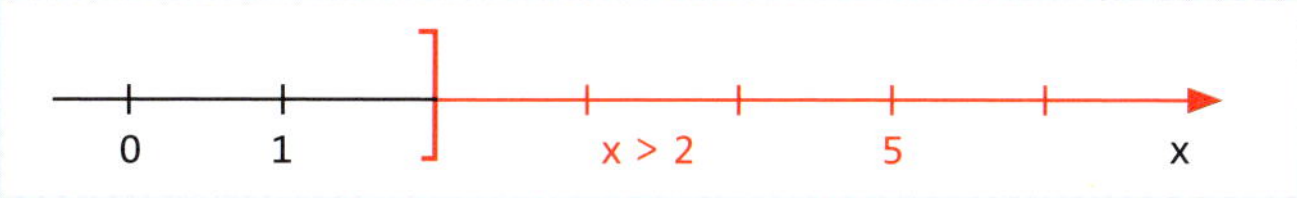

zero

O.k., hab ich kapiert. 😎 Und in die Ungleichung $x < 5$ kann ich alle Zahlen einsetzen, die kleiner sind als 5. Aber was mache ich mit $3x + 6 \leq 3$?

Einstein

Du rechnest ganz genauso wie bei Gleichungen:
Zusammenfassen – Sortieren – Lösen:

$3x + 6 \leq 3 \quad | -6$

$3x \leq -3 \quad | :3$

$x \leq -1$

Jetzt kannst du das auf dem ***Zahlenstrahl*** einzeichnen.

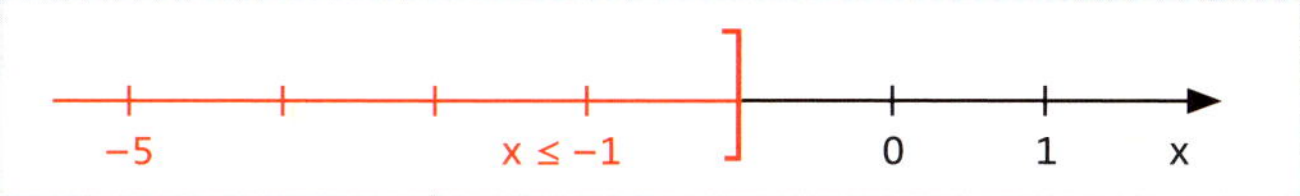

KrizZy

Wir hatten heute eine Aufgabe, bei der war was mit dem Ungleichheitszeichen. Das war plötzlich andersrum und ich hab nicht mitgekriegt, warum ... Die Ungleichung hieß: $10 - 4x \geq 2$.

Einstein

Ja, ich glaub, ich weiß, worauf du hinauswillst. Rechnen wir mal. Erst rechnen wir wieder wie immer

$$10 - 4x \geq 2 \quad | -10$$
$$-4x \geq -8 \quad | :(-4)$$

Aha, genau, da haben wir es. Jetzt müssen wir durch −4 dividieren, also durch eine ***negative Zahl.*** Und immer, wenn man das tut, also ***durch eine negative Zahl dividieren oder mit einer negativen Zahl multiplizieren, dreht sich das Ungleichheitszeichen um*** – aus $>$ wird $<$ und aus $<$ wird $>$!
Folglich ergibt sich für unsre Rechnung: $x \leq 2$

PacPoc

Das kann man sich sogar ganz einfach klarmachen, warum das so ist. Nehmt mal die einfache Ungleichung: $-x > 0$
Wenn man die jetzt durch −1 dividiert, kommt raus:
$x < 0$!
Wenn man das Größer-als-Zeichen nicht umdrehen würde, käme $x > 0$ raus – das kann aber nicht sein, es sollte ja sein: $-x > 0$, und beides kann nicht gleichzeitig gelten!

zero

Aber was ist der **Unterschied zwischen $<$ und $>$ auf der einen Seite und $\leq$ und $\geq$ auf der anderen Seite?** Wozu braucht man denn die Ungleichheitszeichen zweimal?

Einstein

Sieh dir die Zeichen doch mal genau an – bei $\geq$ und $\leq$ steht noch ein Strich drunter – der steht für „gleich“. Die Lösung kann also gleich *oder* größer bzw. gleich *oder* kleiner der Zahl sein. Bei $<$ und $>$ gilt nur kleiner oder nur größer. **Bei $\leq$ oder $\geq$ gehört die Zahl selbst auch zur Lösung, bei $>$ oder $<$ nicht.**

16 Stelle die Lösungen folgender Ungleichungen grafisch dar.

a | $x > 4$
b | $x \leq -2$
c | $x + 1 > 5$
d | $2x < 10$

17 Gib an, welcher Rechenschritt durchgeführt wurde.

a | $5 + x > 7$ | ___
$x >$ ___

b | $3x - 4 < 17$ | ___
$3x < 21$ | ___
$x <$ ___

c | $12x + 24 > 16x$ | ___
$24 > 4x$ | ___
$x <$ ___

d | $3x < x + 18$ | ___
$2x < 18$ | ___
$x <$ ___

e | $-\frac{1}{2}x < 14$ | ___ oder | ___
$x >$ ___

f | $-x < 16$
x ___ -16 | ___ oder | ___

18 Welche der Zahlen -3; $-2{,}5$; $-1\frac{1}{4}$; 0; $\frac{1}{3}$; 4; 6 sind Lösungen der Ungleichungen?

a | $11 - x < 5$
b | $3x < 2x$
c | $\frac{1}{2}x - 6 < 9$
d | $-4x + 3 > -17$

19 **Löse folgende Ungleichung und stelle das Ergebnis auf der Zahlengeraden dar.**

a | $3x - 2 > 4$
b | $2(x + 2) > 2$
c | $6x - 28 < 4x - 10$
d | $4x + 4 < 3(-3x - 3)$

20 **Berechne die Lösungsmenge.**

a | $4x + 7 < 25$
b | $50 - 9x < 23$
c | $2x + 4 < 12$
d | $11 - x > 11$
e | $5x - 6 > 14$
f | $\frac{1}{4}x + 7 > 8$
g | $5 - 3x < -4$
h | $3x - 7 < 11$
i | $5x + 2x < 21$
j | $11x < 66 + 5x$
k | $18z - 10 < 3z + 5$
l | $2y - 5 < 7y - 8$
m | $5(7 - 2x) + 22x < 59$
n | $5x - 2 + 8(x + 1) > 45$
o | $13x + 2\,(7 - 6x) > 11$
p | $4(7x - 8) - 3(13 + 9x) > 2$

21 **Korrigiere die Fehler.**

a |
$$\begin{aligned} 3x - 7 &< 11 \quad \mid +7 \\ 3x - 7 + 7 &< 11 + 7 \\ 3x &< 18 \quad \mid :3 \\ x &< 7 \end{aligned}$$
$L = \{x \mid x < 7\}$

b |
$$\begin{aligned} 5x + 3(5 - 2x) &> 12 \\ 5x + 15 - 6x &> 12 \\ -x + 15 &> 12 \\ -x &> -3 \quad \mid :-3 \\ x &> \tfrac{1}{3} \end{aligned}$$
$L = \{\, x \mid x > \frac{1}{3}\}$

22 **Bestimme die Lösungsmenge.**

a | $12x - 7(x + 2) < 36$

b | $\frac{3}{4} - \left(\frac{1}{2} - x\right) < \frac{1}{2}$

c | $-\frac{1}{6}z > -8 + \frac{2}{3}z$

d | $-2(12y - 15) > -(40 + 7y)$

23 **Ist die Lösungsmenge korrekt?**

a | $2{,}4x + 0{,}7x > 62$ — $L = \{x \mid x < 20\}$
b | $3 - 4x > 7$ — $L = \{x \mid x < -1\}$
c | $3{,}2x + 4 > 13{,}6$ — $L = \{x \mid x > -3\}$
d | $2y - 5 < 7y - 8$ — $L = \{x \mid y > 0{,}6\}$

zero

Seid ihr online? Puh, immer diese dummen *Sachaufgaben* 😱. Zurzeit hat unser Mathelehrer mal wieder nur *Textaufgaben* und ich weiß nie, was man da von mir will, und dann krieg ich Panik. Habt ihr 'nen ultimativen Tipp?

PacPoc

Bleib cool. Lass dir Zeit bei Sachaufgaben und nicht sofort aufgeben, wenns nicht gleich klappt. Manchmal muss man sie **mehrfach durchlesen** und länger darüber nachdenken, bis man sie lösen kann.

Einstein

Halt dich einfach an das *Schema,* wenn du *Textaufgaben lösen* musst, dann ist es gar nicht so schlimm:

1. **Lies** den Text der Aufgabe ganz **genau** durch!
2. Notiere dir:
   – Was ist genau **gefragt?**
   – Was ist **gegeben?**
   – Was ist **gesucht?** Die gesuchte Größe ist deine *Unbekannte,* die *Variable.*
3. Stelle *Terme* auf.
4. Stelle mit den Termen eine *Gleichung* auf, um die Unbekannte zu berechnen, und **löse die Gleichung.**
5. Zerlege eventuell die Aufgabe in **Teilaufgaben** und berechne sie der Reihe nach. Überlege immer, was du berechnest, welches Zwischenergebnis du jetzt hast!
6. Vergiss nicht den *Antwortsatz!* Passt er zur Frage?
7. Mach eine *Probe.*

PacPoc

Mal sehen, was Einstein uns da wieder für Tipps gibt 🙂.
Habe hier eine Aufgabe: Bei einer Klassenarbeit haben 27 Schüler mitgeschrieben. 2 Schüler haben die Note 5, 8 eine 4, 11 eine 3, 5 eine 2. Wie viele Schüler haben eine 1, wenn es keine 6 gibt?

Frage: Wie viele Schüler haben eine 1?
Gegeben: 2-mal 5, 8-mal 4, 11-mal 3, 5-mal 2
Gesucht: Anzahl Note 1: x
Term: Summe aller Notenzahlen: $2 + 8 + 11 + 5 + x$
Gleichung: Summe der Notenzahlen muss gleich der Gesamtzahl der Schüler sein:

$$2 + 8 + 11 + 5 + x = 27$$
$$26 + x = 27 \quad | -26$$
$$x = 1$$

Antwort: 1 Schüler hat eine 1 geschrieben.

zero

Aber manchmal sind die Aufgaben so, dass man trotz deiner Hilfen nicht zum Ziel kommt. Da sind soooo viele Möglichkeiten, auf irgendwas reinzufallen ... 😟

Einstein

Da musst du nur mit **Überlegung** rangehen:
Markiere die gegebenen Größen und die Frage in jeweils einer anderen Farbe.

- **Ist jede angegebene Zahl zu gebrauchen?**
- Sind **verschiedene Einheiten** angegeben? Dann wandle diese erst in die gleiche Einheit um.
- Versuche, dir die Aufgaben bildlich vorzustellen, und suche so einen Lösungsansatz.
- Gibt es **mehrere Fragestellungen** in der Aufgabe? Dann zerteile die Aufgabe in mehrere kleinere Aufgaben.
- Versuche, die Fragestellungen mit **eigenen Worten** zu formulieren.

KrizZy

Ich versuch auch mal ein Beispiel:
Frau Hensel kauft $8\frac{1}{2}$ m Stoff für einen Vorhang. Angeboten werden ihr ein Samt für 10,50 € pro Meter und Seide für 16,80 € pro Meter. Um wie viel Euro würde sich ihr Einkauf insgesamt unterscheiden?
Gegeben: $8\frac{1}{2}$ m Stoff zu 10,50 € / m oder 16,80 € / m.
Frage: Um wie viel Euro würde sich der Einkauf insgesamt unterscheiden?
Hm. Gefragt ist nach der Preisdifferenz. Ich muss also erst mal die Preise für die beiden Stoffe berechnen. Also muss ich **in mehreren Schritten vorgehen:**

1. Was kostet der Einkauf des günstigen Stoffes?
2. Was kostet der Einkauf des teureren Stoffes?
3. Wie groß ist die Differenz der beiden Einkäufe?

Ich brauche also 3 Gleichungen:

1. Menge · $\text{Meterpreis}_{\text{Samt}}$ = $\text{Gesamtpreis}_{\text{Samt}}$
2. Menge · $\text{Meterpreis}_{\text{Seide}}$ = $\text{Gesamtpreis}_{\text{Seide}}$
3. $\text{Gesamtpreis}_{\text{Samt}}$ – $\text{Gesamtpreis}_{\text{Seide}}$ = Differenz.

Das ist ja praktisch, die Unbekannten stehen schon auf der rechten Seite vom Gleichheitszeichen.
Rechnung:
Kosten günstiger Stoff: 8,5 m · 10,50 € / m = 89,25 €
Kosten teurerer Stoff: 8,5 m · 16,80 € / m = 142,80 €
Differenz: 142,80 € – 89,25 € = 53,55 €

24 **Thomas ist 4 Jahre älter als Wiebke. Zusammen sind sie 100 Jahre alt. Wie alt ist jeder der beiden? Löse die Aufgabe Schritt für Schritt nach dem Schema zum Lösen von Textaufgaben.**

a | Lies dir den Text genau durch.

b | Was ist gefragt?

c | Was ist gegeben?

d | Was ist gesucht?

e | Lege die Variable fest.

Alter von Thomas:

f | Stelle einen oder mehrere Terme auf.

Alter von Wiebke: Gesamtalter:

g | Stelle eine Gleichung auf.

h | Löse die Gleichung in deinem Heft.

x =

i | Mache die Probe in deinem Heft. Hast du richtig gerechnet?

j | Notiere den Antwortsatz.

Thomas ist Jahre alt, Wiebke ist Jahre alt.

25 Der Unterschied zwischen den Zahlen 890 und 453 soll mit 27 vervielfacht werden. Das Ergebnis vermehre anschließend um 251. Wie viel fehlt jetzt noch zu 13 000?

26 Dividiere die Differenz von 563 und 175 durch 4.

27 Berechne das Doppelte der Differenz von 1063 und 175.

28 Die Erde hat einen Durchmesser von 12 756 km. Der Durchmesser des Planeten Mars ist um 5984 km kleiner. Der Durchmesser des Mondes ist um ca. zwei Drittel kleiner. Berechne die Größen vom Mond und vom Mars.

29 Anton und Philipp vergleichen Fußball-Sammelbilder für ein Album. Anton hat 85 Stück und Philipp hat 91 Bilder. Sie tauschen Bilder je nach Wertigkeit. So bekommt Anton 12 Bilder von Philipp und Philipp bekommt 9 von Anton.

a | Wie viele Bilder haben Anton und Philipp jetzt?
b | Wie viele Sammelbilder haben beide zusammen?

30 Ein Mensch schläft ca. 8 Stunden am Tag.

a | Wie viele Stunden schläft er pro Jahr?
b | Wie viele Stunden schläft er bis zu seinem 50. Geburtstag?

31 Das Durchschnittsalter einer Klasse ist 13 Jahre. Wie viele Schüler hat die Klasse, wenn das Gesamtalter 351 Jahre ist?

32 Sina möchte ihren Eltern zu Weihnachten ein Fotoalbum schenken. Sie hat 25 Fotos, die sie auf 5 Seiten unterbringen will. Wie viele Fotos müssen durchschnittlich auf eine Seite? Ein digital erstelltes Fotobuch kostet 2,50 € Grundgebühr und 1,25 € pro Seite. Wie viel muss Sina bezahlen, wenn sie ein solches Fotobuch erstellen lassen möchte?

33 **Der Leipziger Zoo wird heute von 2376 Kindern unter 6 Jahren und 1745 Schülern und 2119 Erwachsenen besucht.**

a | Wie viele Besucher hatte der Zoo heute?

b | Wie hoch waren die Einnahmen des Zoos, wenn Kinder unter 6 Jahren 3 €, Schüler 4,50 € und Erwachsene 8 € zahlen müssen?

34 **Eine Leichtathletikbahn in der Halle ist 200 m lang. Wie viele Runden muss man laufen, um 15 km gelaufen zu sein?**

35 **Herr Schneider möchte in seinem Wohnzimmer eine neue Fußleiste anbringen, um den frisch verlegten Teppichboden besser befestigen zu können. Das Zimmer ist 4,80 m lang und 3,80 m breit. Wie lang ist die Fußleiste insgesamt, wenn noch ein Türeingang mit 80 cm abgeht?**

36 **Auf einem Ponyhof werden jeden Tag 4,5 kg Hafer pro Pony verfüttert. Wie lange reicht der Vorrat, wenn noch 3 t vorhanden sind und 15 Ponys davon satt werden müssen?**

37 **Ein DIN-A4-Blatt Papier ist 297 mm lang und 21 cm breit. Berechne Fläche und Umfang des Blattes.**

38 **Wie viel Material braucht man für die Oberfläche eines Würfels mit der Kantenlänge 8,7 cm? Wie groß ist sein Volumen?**

39 **Ein Apfel kostet 0,70 €. Wie viel kosten 12 Äpfel?**

KrizZy

Hey Leute! Und ich hab gedacht, es kann nicht mehr schlimmer kommen! Jetzt haben wir auch noch zwei Gleichungen – eine allein reicht unserem Lehrer nicht! Und das soll man dann zusammen lösen. 😟

PacPoc

Keep cool! Wenn du **zwei lineare Gleichungen** hast, dann hast du ein *lineares Gleichungssystem* mit meist auch **zwei Variablen.** Die kannst du beide berechnen. Es gibt da mehrere Verfahren, aber …

Einstein

… aber du hast ja uns. Das letzte Mal hatten wir es ja mit linearen Gleichungen mit einer Variablen zu tun, meist x. Es gibt aber auch lineare Gleichungen mit zwei Variablen, z. B. x und y. Dann lautet die allgemeine Form: **$ax + by = n$.**
Bei zwei Variablen brauchst du auch zwei Gleichungen, die bilden das lineare Gleichungssystem, *LGS* für Schreibfaule. Das Ziel ist immer, **in einer Gleichung eine Variable (x oder y) zu eliminieren,** sodass man die andere Variable berechnen kann.
Es gibt drei Verfahren:

1. Das *Einsetzungsverfahren:*

(I) $3x + 2y = 8$
(II) $y = 4x - 7$

Gleichung (II) ist schon nach y aufgelöst. Deshalb kann ich die rechte Seite von (II) für y in (I) einsetzen:

$$3x + 2(4x - 7) = 8$$
$$3x + 8x - 14 = 8 \quad | + 14$$
$$11x = 22 \quad | : 11$$
$$x = 2$$

Jetzt hab ich x und setze das in (I) oder (II) ein, um y zu berechnen: (II) $y = 4 \cdot 2 - 7 = 8 - 7 = 1$; $L = \{(2; 1)\}$

PacPoc

Genau. Dann gibts noch das *Gleichsetzungsverfahren:*

(I) $y = 2x + 8$
(II) $y = 3x - 2$

Wenn die y auf der einen Seite gleich sind, dann sind die rechten Seiten der Gleichungen auch gleich – ich kann also beide gleichsetzen:

$$2x + 8 = 3x - 2 \quad | - 3x; - 8$$
$$-x = -10 \quad | \cdot (-1)$$
$$x = 10$$

KrizZy

Ha, ich kapiers langsam! Jetzt kannst du x wieder in eine der Gleichungen einsetzen, um y zu berechnen: Nehmen wir mal (I): $y = 2 \cdot 10 + 8 = 20 + 8 = 28$

$L = \{(10; 28)\}$

Einstein

Und dann gibts noch das ***Additionsverfahren:***

$$\begin{aligned} &(I) \quad 3x + 4y = 18 \\ &(II) \quad 2x - 3y = -5 \end{aligned}$$

Man multipliziert beide Gleichungen so, dass beide Gleichungen bei einer Variablen (derselben in beiden Gleichungen natürlich!) den gleichen Vorfaktor haben, aber mit umgekehrtem Vorzeichen:

$$\begin{aligned} &(I) \quad 3x + 4y = 18 \quad | \cdot (-2) \\ &(II) \quad 2x - 3y = -5 \quad | \cdot 3 \end{aligned}$$

$$\left.\begin{aligned} &(I) \quad -6x - 8y = -36 \\ &(II) \quad 6x - 9y = -15 \end{aligned}\right] +$$

Beide Gleichungen werden nun addiert, dabei fällt eine Variable weg (die mit dem gleichen Vorfaktor), die andere lässt sich dann berechnen (hier ist das y):

$$\begin{aligned} -17y &= -51 \quad | : (-17) \\ y &= 3 \end{aligned}$$

y setzt man wieder in (I) oder (II) ein:

$$\begin{aligned} 3x + 4 \cdot 3 &= 18 \\ 3x + 12 &= 18 \quad | - 12 \\ 3x &= 6 \quad | : 3 \\ x &= 2 \\ L &= \{(2; 3)\} \end{aligned}$$

Du musst immer sehen, welches Verfahren das geeignetste ist, für welches Verfahren du die besten Angaben hast.

KrizZy

Und ich mache jetzt zu Einsteins Beispiel noch 'ne ***Probe,*** ob er richtig gerechnet hat:

$$\begin{aligned} &(I) \quad 3x + 4y = 18 \\ &(II) \quad 2x - 3y = -5 \end{aligned}$$

$x = 2$, $y = 3$ einsetzen in beide Gleichungen:

(I) $3 \cdot 2 + 4 \cdot 3 = 18$	(II) $2 \cdot 2 - 3 \cdot 3 = -5$
(I) $6 + 12 = 18$	(II) $4 - 9 = -5$
(I) $18 = 18$ ✓	(II) $-5 = -5$ ✓

Supi – alles richtig! Einstein hat sich nicht verrechnet, wer hätte das gedacht!

zero

Schnell Hilfe! Hab hier auch gerade **LGS** und bei meiner Hausaufgabe klappt gar nix:

(I) $y = 4x - 2$

(II) $4x + 3 = y$

Ich hab alles so gemacht, wie PacPoc es beim Gleichsetzungsverfahren gemacht hat, also die rechte Seite von (I) der linken Seite von (II) gleichgesetzt:

$4x - 2 = 4x + 3 \quad | -4x$

$-2 = 3$

Das ist doch nicht gleich! Was hab ich falsch gemacht?

PacPoc

Keep cool. Du hast gar nichts falsch gemacht. Die Aufgabe ist nicht lösbar. So was gibt es. Die Lösungen für x und y müssen *beide* Gleichungen des LGS erfüllen, nur dann sind es Lösungen des ganzen LGS. **Wenn nun eine falsche Aussage herauskommt (so was wie hier dein −2 = 3), heißt das, dass es keine Lösung gibt,** die beide Gleichungen gleichzeitig erfüllt. Also alles o.k., die Lösungsmenge des LGS ist leer: L = { }.

Einstein

PacPoc stiehlt mir hier ja die Show. Es gibt aber noch einen Fall, ich mach mal ein Beispiel:

(I) $2y - 3x = 5$

(II) $-4y + 6x = -10$

Multipliziere die erste Gleichung mit 2 und wende das Additionsverfahren an:

(I) $4y - 6x = 10$

(II) $-4x + 6x = -10$

Wenn du die beiden Gleichungen jetzt addierst, kommt raus: 0 = 0.

Das ist eine wahre Aussage. Immer und überall. Egal, was man für x oder y einsetzt, es stimmt immer.

Das heißt, es gibt unendlich viele Lösungen: L = Q, die Lösungsmenge enthält alle rationalen Zahlen.

KrizZy

Also gibt es **3 Lösungsmöglichkeiten für LGS:**

- Es hat eine Lösung, ich erhalte für x und y einen Wert.
- Es hat keine Lösung; ich erhalte eine falsche Aussage.
- Es hat unendlich viele Lösungen; ich erhalte eine wahre Aussage wie **0 = 0.**

zero

Also bislang haben wir doch immer gerechnet, um die LGS zu lösen? Kann jemand was damit anfangen: ***Löse das LGS zeichnerisch.***

(I) $x - y = -2$
(II) $-y = -4 + x$

PacPoc

Du kannst die beiden Gleichungen auch als **lineare Funktionen auffassen.** Damit du das deutlicher siehst, solltest du sie erst einmal umformen, sodass da y = ... steht:

(I) $y = x + 2$
(II) $y = -x + 4$

So, jetzt sehen die Gleichungen so aus, wie du das von den linearen Funktionen (s. S. 21) noch kennst. Jetzt kannst du die beiden Funktionen zeichnen:

zero

Ja, gut, jetzt hab ich die also gezeichnet. Sieht so aus:

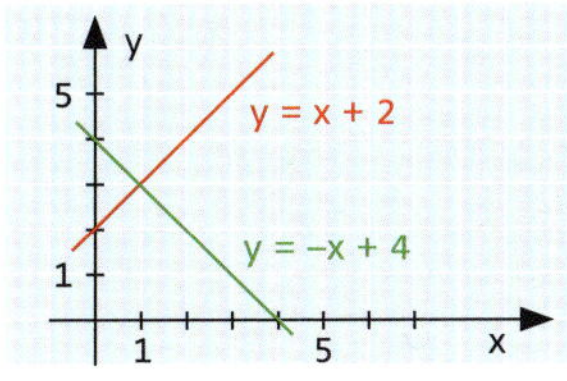

Und nun?

PacPoc

Jetzt kannst du die **Lösung ablesen** – die Lösung ist nämlich der Schnittpunkt der beiden Geraden, genauer gesagt, die **Koordinaten des Schnittpunktes** $S(1|3)$. Also ist $x = 1$ und $y = 3$ und die Lösungsmenge $L = \{(1; 3)\}$.

Einstein

Die drei Lösungsmöglichkeiten siehst du auch anhand der Graphen:

– keine Lösung – die Geraden liegen parallel;
– eine Lösung – die Geraden schneiden sich in einem Punkt;
– unendlich viele Lösungen – die Geraden sind identisch.

40 **Löse mit dem Einsetzungsverfahren.**

a | (I) $5y - x = 1$
(II) $x = 6y - 2$

b | (I) $y = -2x + 4$
(II) $x - y = -1$

c | (I) $2x - y = 2$
(II) $y - x = 1$

d | (I) $2y = 2x - 8$
(II) $2x - 3y = 0$

41 **Löse mit dem Gleichsetzungsverfahren.**

a | (I) $2y = 12x + 4$
(II) $2y = 8x - 8$

b | (I) $3y - x = 3$
(II) $4y - x = 2$

c | (I) $4x - 2y = -2$
(II) $2y = 6x - 2$

d | (I) $2x - y = 7$
(II) $4x + 3y = 99$

42 **Löse mit dem Additionsverfahren.**

a | (I) $4x + y = 6$
(II) $-4x + 2y = 0$

b | (I) $6x - 4y = 6$
(II) $4x + 4y = 20$

c | (I) $-x + 3y = 19$
(II) $3x - y = 23$

d | (I) $5x + 2y = 1$
(II) $7x + 6y = 3$

43 **Löse mit einem beliebigen Verfahren. Überlege, welches am geeignetsten ist.**

a | (I) $y = 4x - 2$
(II) $5x - 4 = y$

b | (I) $10x - 10 = 2y$
(II) $5y = -10 + 20y$

c | (I) $35x - 18y = 69$
(II) $50x - 54y = 42$

d | (I) $12x - 30y = 45$
(II) $15x + 25y + 25 = 0$

44 **Die Summe zweier Zahlen ist 102, ihre Differenz 72. Welche Zahlen sind gesucht?**

45 **Die Summe der Hälfte einer Zahl und dem Doppelten einer weiteren Zahl ist 48. Das Fünffache der ersten Zahl addiert zur zweiten Zahl ist 328. Wie lauten die gesuchten Zahlen?**

46 Mutter fragt Yasmin: „Was hast du beim letzten Einkauf für den Joghurt und die Brote bezahlt?" Yasmin überlegt – sie weiß nur noch, was sie gestern und vorgestern insgesamt bezahlt hat und wie viel sie gekauft hat. Gestern hat sie für 15 Becher Joghurt und 7 Brote 14,37 € und vorgestern für 7 Becher Joghurt und 15 Brote 25,01 € bezahlt. Kannst du ihr helfen?

47 Familie Moormann hat auf ihrem Bauernhof Hunde und Hühner. Insgesamt haben sie 20 Tiere mit insgesamt 54 Beinen. Wie viele Hunde und Hühner leben auf Moormanns Hof?

48 Der Umfang eines Rechtecks beträgt 2,40 m. Der Flächeninhalt ist 0,32 m^2. Berechne Länge und Breite des Rechtecks.

49 Die Summe der Längen zweier Strecken ist 60 cm. Ihre Differenz beträgt 4 cm. Berechne die Längen der Strecken.

50 Ein Rechteck hat einen Umfang von 80 cm. Die eine Seite ist 8 cm länger als die andere. Wie lang sind die Seiten?

51 In einer Familie hat jeder Sohn genauso viele Brüder wie Schwestern und es gibt doppelt so viele Söhne wie Töchter. Wie viele Kinder hat die Familie?

52 Frau Schiller kauft heute 3 l Milch und 7 Becher Joghurt. An der Kasse bezahlt sie 4,67 €. Gestern hat sie 5 l Milch und 2 Becher Joghurt gekauft und 5,27 € bezahlt. Wie hoch sind die Preise von Milch und Joghurt?

53 **Bestimme die Lösungsmenge.**

a | (I) $8x + 2y = 12$
(II) $-2x + y = 0$

b | (I) $2x - 6y = 8$
(II) $-3x + 9y = 12$

c | (I) $2x + 7y = 7$
(II) $2x = 3x$

d | (I) $8x + 2y = -10$
(II) $y = 3 - 4x$

54 **Bestimme die Lösungsmenge und mache die Probe. Bei unendlich vielen Lösungen führe die Probe mit 2 möglichen Ergebnissen durch.**

a | (I) $10x - 2y = 4$
(II) $-2 + y = 5x$

b | (I) $2x - 3y = -13$
(II) $5x + 4 = -2y$

55 **Erfinde selbst Gleichungssysteme mit einer Lösung, keiner Lösung und unendlich vielen Lösungen.**

56 **Wo steckt der Fehler?**

(I) $9x + 2y = -1$

(II) $5x + y = -1$ | gleichsetzen:

$9x + 2y = 5x + y$

$4x = -y$ | : 4

$x = -\frac{1}{4}y$

57 **Wie müssen a und b gewählt werden, damit das Gleichungssystem eine Lösung, keine Lösung und unendlich viele Lösungen hat?**

(I) $x + 4y = 6$
(II) $5x + ay = b$

58 **Löse die angegebenen LGS zeichnerisch.**

a | (I) $3x + y = 5$
(II) $-6x - 2y = -10$

b | (I) $3x + y = 5$
(II) $-3x - y = -3$

c | (I) $3x + y = 5$
(II) $-2x + y = 0$

d | (I) $x - 4 = y$
(II) $y = -2x + 5$

59 **Die dargestellten Graphen gehören jeweils zu den Gleichungen eines LGS. Ermittle die Funktionsgleichungen und stelle das LGS auf. Löse das LGS und überprüfe deine Lösungsmenge durch Ablesen der Lösung aus den Graphen.**

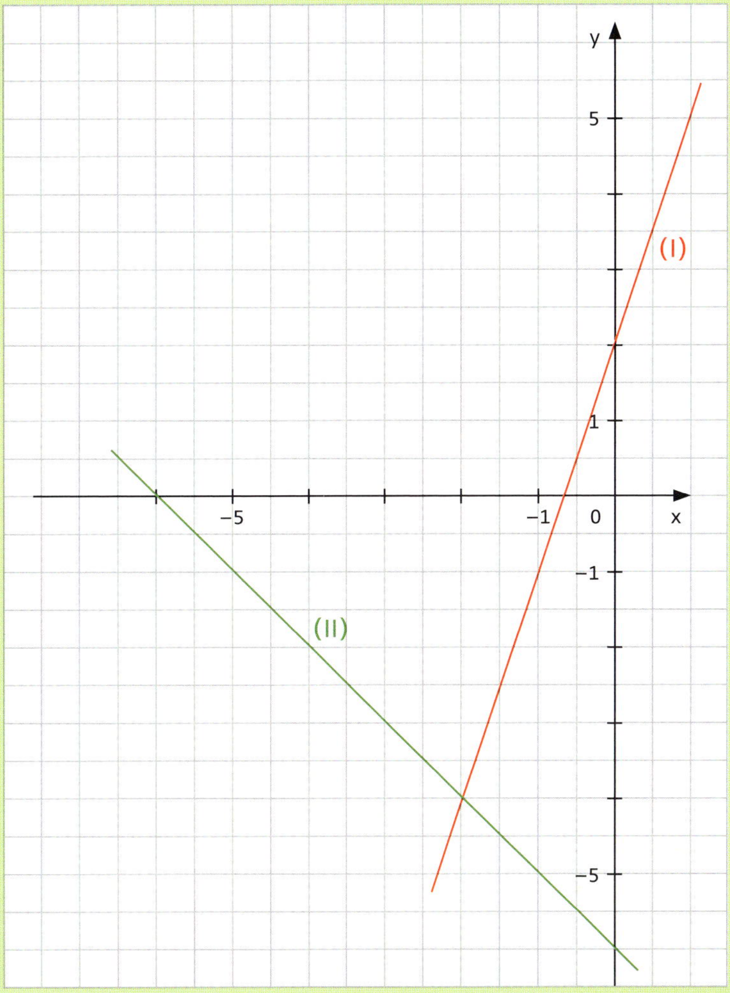

60 **Zeichne die Graphen der Funktionen und begründe grafisch, warum das Gleichungssystem keine Lösung hat. Bestätige die Aussage rechnerisch.**

(I) $y = 5x + 3$
(II) $5x - 1 = y$

61 **Das Dreifache der Summe zweier Zahlen ergibt 3. Das Doppelte der Differenz dieser Zahlen ist 2. Berechne die Zahlen.**

62 **Bestimme die Lösungen. Eventuell musst du verschiedene Fälle unterscheiden.**

a | (I) $y = ax + 1$
(II) $y = ax - 2$

b | (I) $x = c - y$
(II) $2x = 4y + 2c$ mit $c \neq 0$

c | (I) $ax = by - 8$
(II) $by = 5 - ax$

d | (I) $ax - y = c$
(II) $y + ax = c$

63 **Löse mit einem Verfahren deiner Wahl.**

a | (I) $x = 7x - 9y + 6$
(II) $y = 7x - 9y + 6$

b | (I) $3(x + 1) - 2(y - 1) = 1$
(II) $5x - 4y = 17$

64 **Löse das Gleichungssystem mit 3 Variablen, indem du das Additionsverfahren so anwendest, dass du am Ende in jeder Gleichung eine Unbekannte weniger hast. (Tipp: Du musst immer alle Gleichungen einbeziehen!)**

a | (I) $7x + 6y + 7z = 100$
(II) $x - 2y + z = 0$
(III) $6x + 2y - 4z = 0$

b | (I) $2x + 3y + 4z = 16$
(II) $4x + 9y - z = 58$
(III) $2x + 12y + 4z = 68$

65 **Löse mit einem beliebigen Verfahren.**

a | (I) $\frac{4x + 7y}{5} = \frac{5y + 1}{2}$
(II) $\frac{3x + 10}{8} = \frac{5y + 1}{3}$

b | (I) $\frac{4s + 21}{7s + 3t} = \frac{25}{16}$
(II) $\frac{3s + 5t}{7t - 9} = \frac{3}{2}$

5 GRUND-KONSTRUKTIONEN

BEISPIEL

Halbiere die Strecke AB nur mit Zirkel und Lineal.

VERWENDUNG

Nicht immer lassen sich Winkel und Senkrechte gut messen und zeichnen. Da hilft es, sie zu konstruieren. Das ist immer ganz genau und zum Teil braucht man dafür nur wenige Hilfsmittel. Ein Zirkel lässt sich z. B. durch eine Schnur ersetzen.

WIEDERHOLEN

Wir kennen schon:
- Strecken, Geraden und Halbgeraden

Wir können:
- Winkel zeichnen und messen
- Kreise zeichnen

zero

Hey Leute! Stellt euch vor, wir zeichnen im Moment nur: Jetzt sollen wir eine **Senkrechte** nur mit Zirkel und Lineal **konstruieren.** Wie soll das nur gehen? 😨

PacPoc

Hatten wir neulich auch – man zeichnet eine Gerade durch A und B. Um A und B zieht man zwei gleich große Kreise, die sich schneiden. Durch die Schnittpunkte dieser Kreise zeichnet man eine Gerade und die steht **senkrecht** auf der Geraden durch A und B. Außerdem **halbiert** sie die Strecke AB.

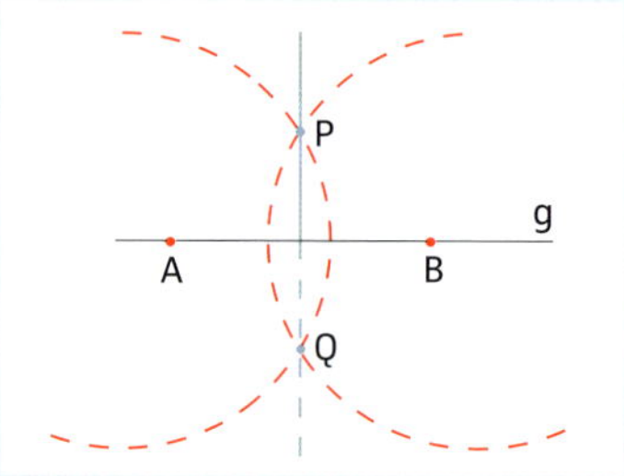

KrizZy

Genau mein Thema! Ich soll auch nur mit Zirkel und Lineal was machen, und zwar einen **Winkel halbieren.** 😨 Geht das überhaupt?

Einstein

Klar. Also:
- einen Winkel aus zwei Strahlen zeichnen,
- einen Kreis um den Scheitelpunkt des Winkels ziehen,
- Schnittpunkte von Kreis und Strahlen markieren,
- zwei gleich große Kreise, die sich schneiden, um die Schnittpunkte ziehen,
- die Schnittpunkte dieser beiden Kreise mit dem Scheitelpunkt verbinden,

→ der Winkel ist halbiert!

Diese Gerade nennt man **Winkelhalbierende.**

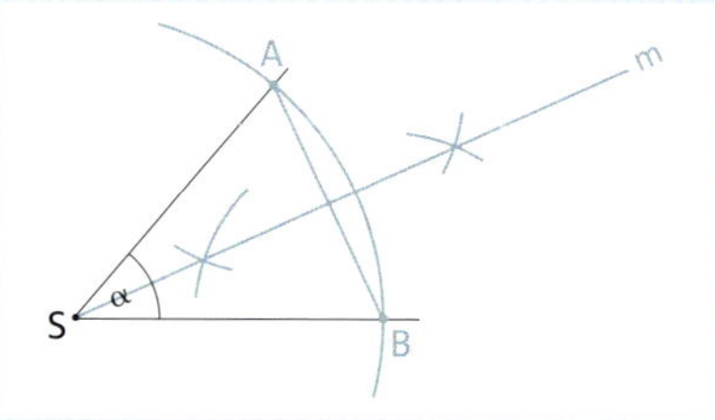

KrizZy

Wir haben noch eine Senkrechte – ein **Lot** – zu einer Geraden ***konstruiert.*** Da gab es einen Punkt neben der Geraden und durch den sollte das Lot gehen.

Einstein

Da gibt's zwei Fälle:

1. Der Punkt P liegt auf der Geraden g:

Zieh einen Kreis um P und markiere die Schnittpunkte mit g. Nun zieh um diese Schnittpunkte zwei gleich große Kreise, die sich schneiden. Durch die Schnittpunkte der Kreise zeichne eine Gerade und die ist senkrecht zur Geraden durch P.

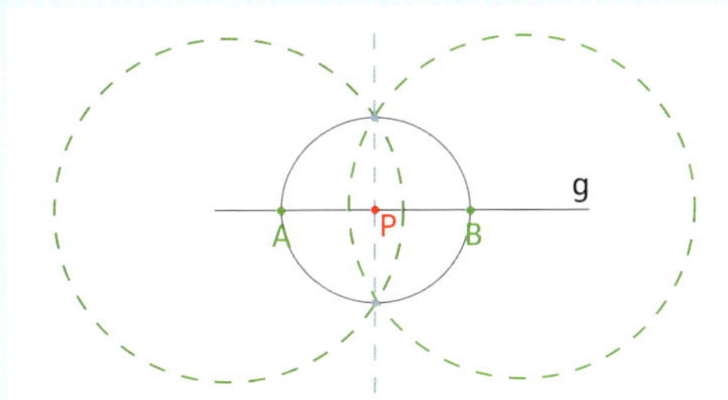

2. Der Punkt P liegt nicht auf der Geraden g:

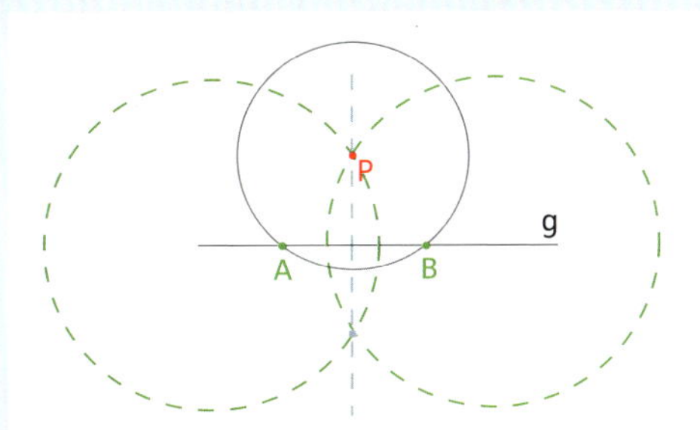

Du ziehst einen Kreis um P, der g schneidet, und markierst die Schnittpunkte mit g. Nun ziehst du um diese Punkte zwei gleich große Kreise, die sich schneiden, fährst fort wie im ersten Fall und erhältst eine Gerade durch P senkrecht zu g.

PacPoc

Ich kann auch noch eine ***Parallele zu g konstruieren!*** Ist auch easy: Erst eine Senkrechte zu g konstruieren, und zu der wieder eine Senkrechte. Die ist parallel zu g.

1 Zeichne eine Strecke durch A und B mit der Länge $\overline{AB} = 5$ cm. Konstruiere eine Mittelsenkrechte zu dieser Strecke.

2 Zeichne eine Gerade g und markiere zwei Punkte auf dieser Geraden, die 3 cm auseinanderliegen. Konstruiere durch jeden Punkt eine Senkrechte.

3 Zeichne eine Gerade g und konstruiere oberhalb und unterhalb von g eine Parallele.

4 Zeichne ein Rechteck mit den Seitenlängen a = 7,5 cm und b = 4 cm. Konstruiere zu beiden Rechteckseiten die Mittelsenkrechten. Welche Linien sind dabei entstanden?

5 Zeichne zwei Strahlen, die einen nicht zu großen Winkel einschließen. Konstruiere die Winkelhalbierende.

6 Zeichne ein Dreieck und konstruiere die Mittelsenkrechten auf allen Dreieckseiten. Zeichne anschließend einen Kreis, der den Mittelpunkt auf dem Schnittpunkt der Senkrechten hat, und dessen Radius bis zu einer der Ecken des Dreiecks reicht.

7 Zeichne ein Dreieck. Konstruiere dessen Winkelhalbierenden. Zeichne anschließend einen Kreis, der den Mittelpunkt auf dem Schnittpunkt der Winkelhalbierenden hat und dessen Radius bis zu einer Dreiecksseite reicht und senkrecht auf dieser steht.

8 Zeichne einen rechten Winkel. Konstruiere damit – ohne zu messen – einen Winkel von 22,5°.

9 Zeichne eine Halbgerade, die mindestens 7 cm lang ist. Um den Endpunkt zeichne einen Kreis mit Radius 3 cm. Konstruiere eine Tangente (eine Gerade, die den Kreis berührt), die außerdem senkrecht auf der Halbgeraden steht.

10 **Konstruiere ...**

a | ein gleichschenkliges Dreieck mit der Höhe h_a = 3 cm und a = 5 cm.
b | ein gleichseitiges Dreieck mit der Höhe von 3 cm.

11 **Zeichne die Punkte A(1|2), B(5|–1), C(7|5) und D(3|8) in ein Koordinatensystem. Wo liegen alle Punkte, die von AB und CD den gleichen Abstand haben?**

12 **Zeichne ein Koordinatensystem mit der Längeneinheit 1 cm. Zeichne die Punkte A(0|4), B(3|–1), C(8|2) und D(5|7) in das Koordinatensystem.**

a | Konstruiere alle Punkte, die den gleichen Abstand von A und B haben.
b | Wo liegen alle Punkte, die von der Geraden durch A und B einerseits und der Geraden durch C und D andererseits den gleichen Abstand haben?

13 **Löse die Aufgaben zu Winkelhalbierenden.**

a | Zeichne einen Winkel α von 54° und konstruiere dazu die Winkelhalbierende.
b | Zeichne einen Winkel α = 195° und konstruiere dazu die Winkelhalbierende.

14 **Welche Eigenschaft haben die Punkte auf der Winkelhalbierenden in Bezug auf die Schenkel des Winkels?**

15 **Zeichne ein gleichseitiges Dreieck mit der Seitenlänge 10 cm. Konstruiere in diesem Dreieck alle Winkelhalbierenden.**

zero

Einer im Chat? Hab mal 'ne Frage! **Kongruente Figuren,** was fällt euch dazu ein? Brauche ich dringend! Irgendwelche kongruenten Bilder oder so.

PacPoc

Bin da, was willste wissen? Zwei Figuren sind kongruent, wenn sie gleich viele Ecken besitzen und übereinstimmen in den Größen aller einander entsprechenden Winkel und in den Längen aller einander entsprechenden Seiten. Also wenn sie **deckungsgleich** sind.
Einfach gesagt: Schneid sie aus, und wenn sie genau aufeinanderpassen, sind sie deckungsgleich.
Beispiele:

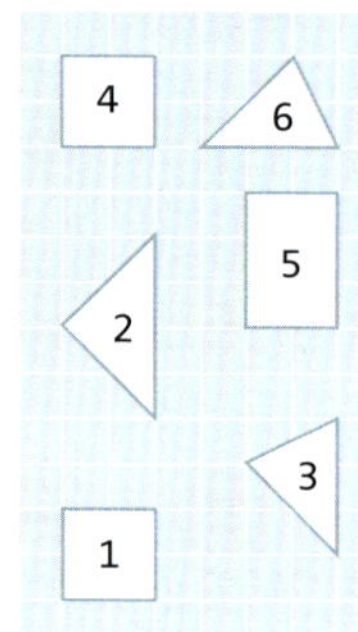

zero

O. k. – hier sind also 1 und 4 sowie 3 und 6 deckungsgleich. Und 2 und 5 haben keinen deckungsgleichen Partner. Hab ich kapiert. Aber was ist mit den Bildern?

PacPoc

Bilder? Meinst du **Kongruenzabbildungen**? **Spiegelungen?** Wir hatten nämlich vor zwei Wochen **Achsenspiegelungen.** Zwei an einer **Spiegelachse** gespiegelte Figuren sind deckungsgleich.

- Originalpunkt P und Spiegelpunkt P' liegen auf einer Geraden, die senkrecht zur Spiegelachse liegt.
- P und P' haben denselben Abstand zur Spiegelachse.

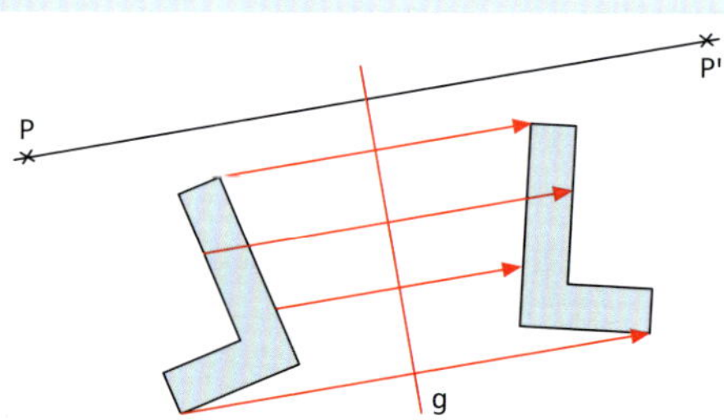

Einstein

Aber die gespiegelte Figur ist spiegelverkehrt, hat also umgekehrten Drehsinn. Also sind Original und Spiegelbild nur bedingt deckungsgleich.

KrizZy

Also mal langsam, Leute. Eine Achsenspiegelung ist also eine Kongruenzabbildung? Und die heißt Kongruenzabbildung, weil die Originalfigur und die gespiegelte Figur kongruent sind?

PacPoc

Genau. Und weil es so schön ist, gibt es auch ***Punktspiegelungen.*** Da spiegelt man eine Figur an einem Punkt, dem ***Spiegelzentrum Z.***

– Originalpunkt P und Spiegelpunkt P′ liegen auf einer Geraden durch Z,
– P und P′ haben denselben Abstand zu Z.

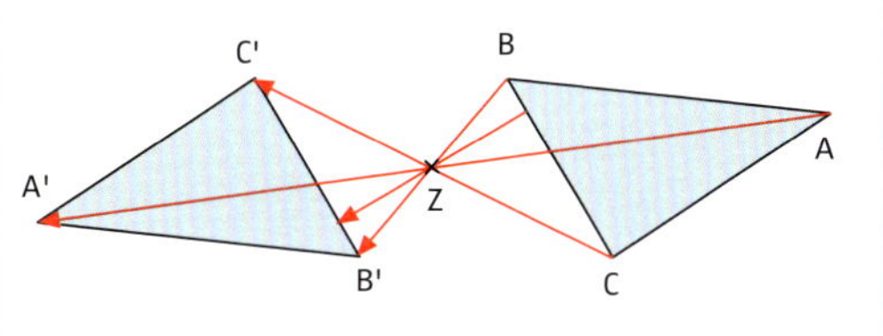

Einstein

Wieder sind Original und Spiegelbild kongruent zueinander. Das kommt daher, dass bei einer Spiegelung immer

– eine Strecke auf eine gleich lange Strecke,
– ein Winkel auf einen gleich großen Winkel,
– eine Gerade auf eine Gerade,
– parallele Geraden auf parallele Geraden

abgebildet wird oder werden.

Man sagt, eine Spiegelung ist *streckentreu, winkeltreu, geradentreu* und *parallelentreu.*

PacPoc

Deshalb reicht es, wenn man **markante Punkte** einer Figur spiegelt und die dann verbindet. Übrigens sind auch ***Drehungen*** und ***Verschiebungen*** Kongruenzabbildungen. Hier sind Original und Bildfigur auch deckungsgleich. Im Grunde sind Punktspiegelungen Drehungen um 180°.

16 **Welche der folgenden Figuren sind deckungsgleich, welche nicht?**

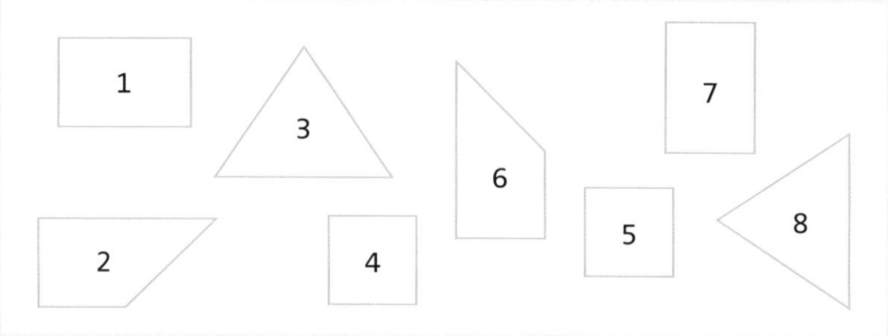

17 **In einem Quader gibt es kongruente Seitenflächen. Welche sind das?**

18 **Zeichne die drei angegebenen Vierecke in ein Koordinatensystem. Welche dieser Vierecke sind kongruent zueinander?**

(1) Viereck ABCD: A(1|0), B(4|0), C(1|2), D(4|2)
(2) Viereck EFGH: E(5|5), F(2|5), G(5|3), H(2|3)
(3) Viereck IJKL: I(−2|1), J(2|1), K(2|−1), L(−2|−1)

19 **Wahr oder falsch? Kreuze an.**

	Wahr	Falsch
a | Alle Rechtecke mit demselben Flächeninhalt sind kongruent zueinander.	☐	☐
b | Alle Rechtecke, die gleiche Seitenlängen haben, sind kongruent zueinander.	☐	☐
c | Alle Quadrate sind kongruent zueinander.	☐	☐

20 **Konstruiere zwei nicht kongruente Vierecke mit den Seitenlängen a = 3 cm, b = 4,5 cm, c = 3 cm und d = 4,5 cm.**

21 **Spiegle die abgebildete Figur am Punkt P. Spiegle die entstandene Figur anschließend an der Geraden g.**

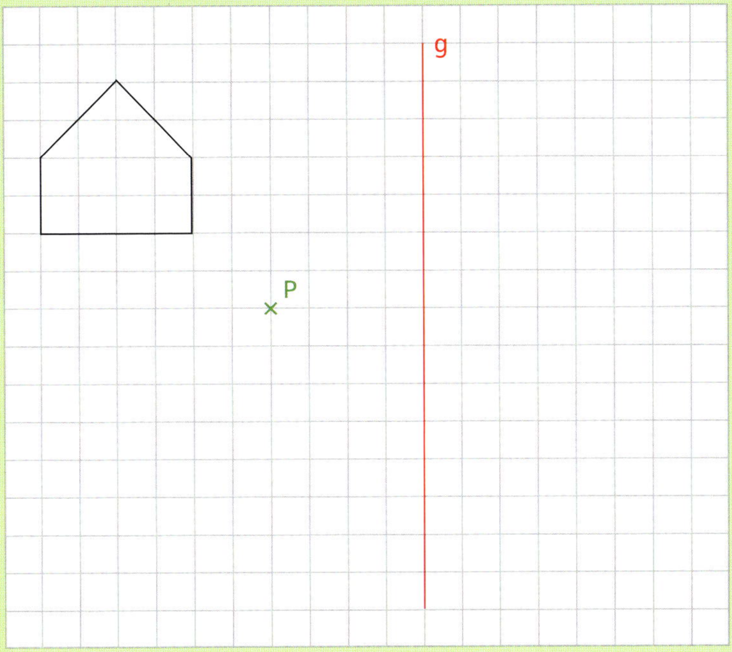

22 **Wenn eine Figur durch eine Achsenspiegelung mit sich selbst zur Deckung kommt, nennt man sie achsensymmetrisch. Die Spiegelachse ist dann die Symmetrieachse. Finde die Symmetrieachsen in den abgebildeten Figuren. (Tipp: Eine Figur kann mehrere Symmetrieachsen haben.)**

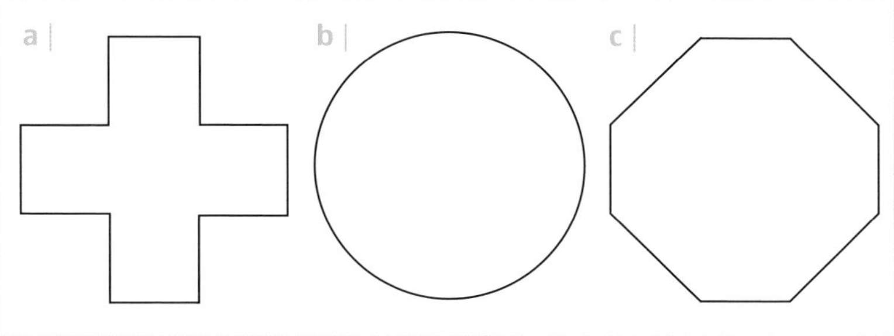

23 **Wenn eine Figur durch eine Punktspiegelung (d. h. durch eine Drehung um 180°) mit sich selbst zur Deckung kommt, nennt man sie punktsymmetrisch. Sind die abgebildeten Figuren punktsymmetrisch?**

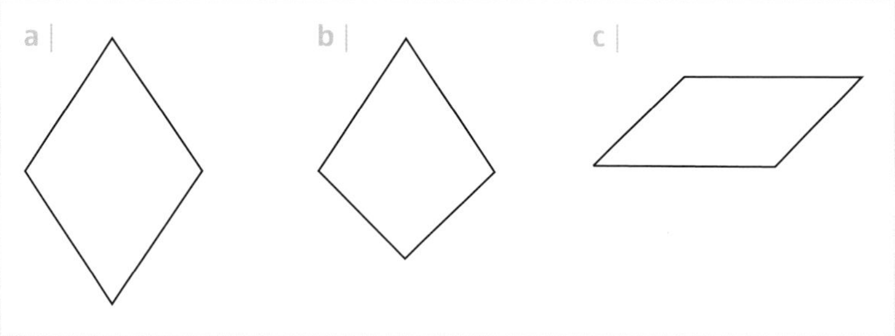

6 KONGRUENZ VON DREIECKEN

Kongruenzsätze → 76
Thaleskreis → 81

BEISPIEL

Konstruiere ein Dreieck mit a = 3 cm, b = 4 cm und c = 6 cm. Woher weiß man, dass zu dieser Konstruktionsanweisung nicht jeder etwas anderes zeichnet?

VERWENDUNG

Bei kongruenten Dreiecken geht es um die Konstruktion von deckungsgleichen Dreiecken und darum, zu erkennen, welche Dreiecke deckungsgleich konstruiert werden können und welche nicht.

WIEDERHOLEN

Das kennen wir schon:
- deckungsgleich und kongruent → 70
- Konstruktionen mit Zirkel und Lineal → 66 f.
- Winkel zeichnen

zero

Hilfe! Seid ihr noch online? Heute muss ich ein **Dreieck konstruieren** mit a = 4 cm, b = 3 cm und c = 5 cm. Was muss ich tun?

Einstein

Hey, zero – bleib locker. Zeichne c = 5 cm. Denk dran, die Enden mit A und B zu kennzeichnen! Zeichne um A einen Kreis mit Radius 3 cm und um B einen Kreis mit Radius 4 cm. Diese beiden Kreise schneiden sich in C. Jetzt musst du alle Punkte verbinden und schon bist du fertig. ABC ist dein Dreieck.

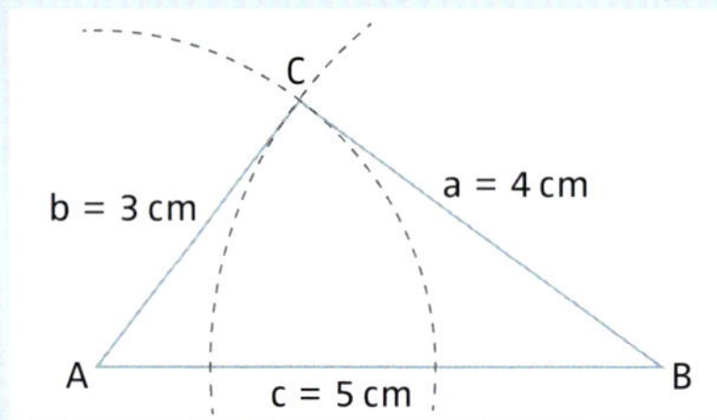

zero

Mein Dreieck sieht so aus. Ist das falsch?

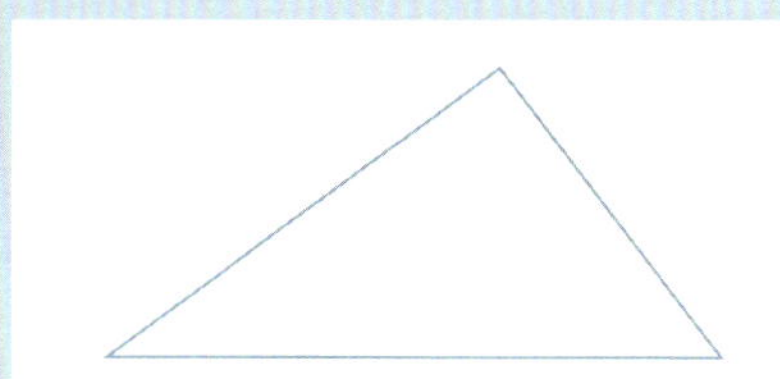

PacPoc

Nee, die sind doch **deckungsgleich.** Sie sind nur spiegelverkehrt; das nennt man ungleichsinnig, aber sonst ist alles gut.

KrizZy

Hey – ich bins. Wir machen gerade **kongruente Dreiecke.** Was das ist, hab ich ja kapiert. Kongruente Dreiecke sind deckungsgleich. Aber was soll ich mit den **Kongruenzsätzen?**

Einstein

Wenn du ein Dreieck konstruieren willst, brauchst du Angaben, wie das Dreieck aussehen soll. Und da gibt es bestimmte Kombinationen, damit sieht das Dreieck immer gleich aus.

PacPoc

Und diese Kombinationen liefern dir die Kongruenzsätze. Die Sätze sind nach den **Anfangsbuchstaben der gegebenen Größen** benannt.

1. Kongruenzsatz sss

Zwei Dreiecke sind kongruent, wenn sie in allen drei Seiten übereinstimmen.

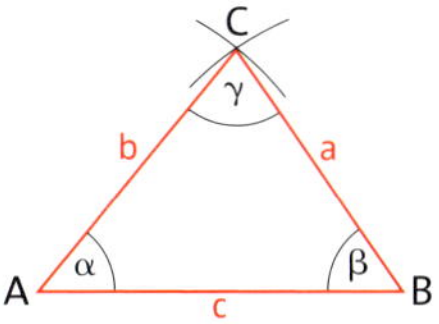

2. Kongruenzsatz sws

Zwei Dreiecke sind kongruent, wenn sie in zwei Seiten und dem eingeschlossenen Winkel übereinstimmen.

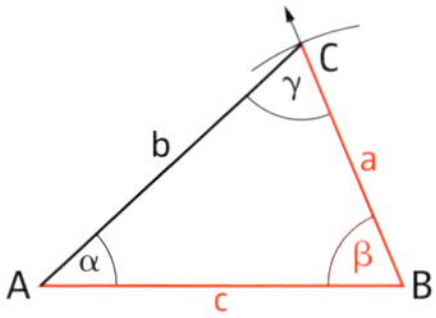

3. Kongruenzsatz Ssw

Zwei Dreiecke sind kongruent, wenn sie in zwei Seiten und dem der längeren Seite gegenüberliegenden Winkel übereinstimmen.

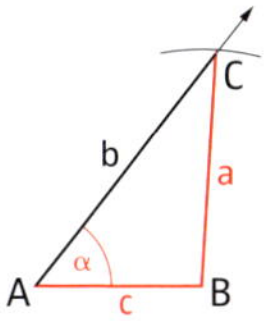

4. Kongruenzsatz sww oder wsw

Zwei Dreiecke sind kongruent, wenn sie in einer Seite und zwei Winkeln übereinstimmen.

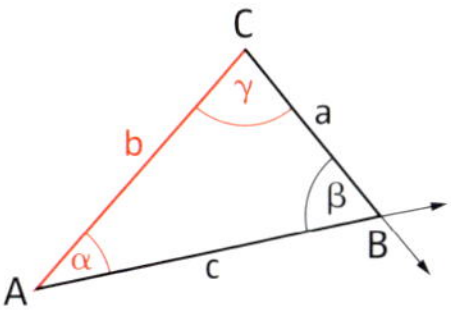

Wenn du aber z. B. 3 Winkelangaben hast, können die Dreiecke ganz verschieden groß sein. Die sind dann nicht kongruent.

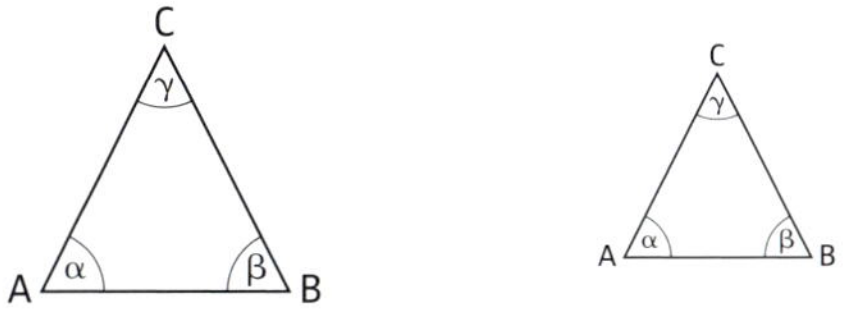

Vor dem Konstruieren eine **Planskizze** anfertigen!

1 **Konstruiere ein Dreieck mit b = 3 cm, a = 4 cm und γ = 65°. Richte dich nach der Konstruktionsbeschreibung in a | – e |.**

a | Mache dir zunächst eine Skizze und markiere die gegebenen Größen farbig. So verschaffst du dir einen Überblick, was du über das Dreieck weißt.

b | Zeichne die Seite b mit der Länge 3 cm. Überlege, mit welchen Buchstaben die Endpunkte gekennzeichnet werden müssen, und markiere sie.

c | Trage an C den Winkel γ = 65° an. Welcher Dreiecksseite entspricht der 2. Schenkel des Winkels? Trage die Bezeichnung a, b oder c ein.

d | Zeichne einen Kreis um C, dessen Radius der Länge von a entspricht. Welchem Punkt im Dreieck entspricht der Schnittpunkt zwischen dem Kreis und dem 2. Schenkel des Winkels γ?

e | Nun fehlt dir nur noch ein Schritt, um das Dreieck fertigzustellen. Führe ihn aus.

f | Welchen Kongruenzsatz hast du bei der Konstruktion angewendet?

2 **Konstruiere ein Dreieck mit den folgenden Seitenlängen.**

a | a = 5 cm; b = 3 cm; c = 6 cm
b | a = 1,8 cm; b = 3,5 cm; c = 4,8 cm
c | a = 4,5 cm; b = 3,1 cm; c = 5,8 cm
d | a = 4,7 cm; b = 4,7 cm; c = 4,7 cm

3 **Konstruiere jeweils ein Dreieck mit folgenden Größen.**

a | $a = 4\,cm$; $b = 3\,cm$; $\gamma = 60°$
b | $c = 5\,cm$; $b = 3\,cm$; $\beta = 110°$
c | $a = 2{,}5\,cm$; $b = 5\,cm$; $\gamma = 95°$
d | $a = 4{,}4\,cm$; $c = 3{,}2\,cm$; $\alpha = 60°$
e | $c = 6\,cm$; $\alpha = 65°$; $\beta = 30°$
f | $a = 10\,cm$; $\alpha = 45°$; $\gamma = 120°$
g | $b = 7{,}2\,cm$; $\alpha = 30°$; $\gamma = 85°$
h | $c = 37\,mm$; $\gamma = 55°$; $\beta = 75°$

4 **Konstruiere jeweils ein Dreieck mit folgenden Größen.**

a | $c = 124\,cm$; $b = 25\,mm$; $\beta = 92°$
b | $a = 5\,cm$; $b = 4{,}4\,cm$; $\alpha = 75°$
c | $a = 2{,}8\,cm$; $\alpha = 100°$; $\beta = 22°$
d | $c = 2\,cm$; $b = 3\,cm$; $\gamma = 110°$

5 **Fertige eine Konstruktionsbeschreibung an.**

a | $a = 4\,cm$; $\alpha = 100°$; $\gamma = 22°$
b | $a = 5{,}5\,cm$; $b = 6{,}8\,cm$; $\beta = 66°$

6 **Konstruiere ...**

a | ein gleichseitiges Dreieck mit der Seitenlänge 4,5 cm.
b | ein rechtwinkliges Dreieck mit $a = 6{,}2\,cm$ und $\beta = 20°$ (γ = rechter Winkel).

7 **Konstruiere ein gleichschenkliges Dreieck mit $a = 3\,cm$, $b = 5\,cm$ und $\gamma = 70°$. Skizziere zwei mögliche Lösungen.**

8 **Wann kann man mit nur einer Seitenangabe kongruente Dreiecke konstruieren?**

9 **Konstruiere …**

a | ein rechtwinkliges Dreieck mit Seitenlänge $a = 7$ cm und $\gamma = 35°$. Welche Möglichkeiten gibt es da?
b | ein gleichwinkliges Dreieck mit $a = 5$ cm. Ist das möglich? Begründe.

10 **Zeichne den symmetrischen Giebel eines Hauses mit einem Neigungswinkel von 38° und einer Hausbreite von 12 m.**

11 **Ein Zelt wird aufgebaut. Die Bodenfläche ist 5 m breit, die Neigungswinkel betragen 65°. Wie hoch ist das Zelt? Miss in einer Konstruktionszeichnung.**

12 **Lassen sich mit diesen Angaben kongruente Dreiecke konstruieren? Kreuze an.**

	ja	nein
a | $a = 2$ cm, $b = 8$ cm, $c = 11$ cm	☐	☐
b | $a = 7$ cm, $\beta = 98°$, $\gamma = 125°$	☐	☐
c | $a = b = c = 5{,}5$ cm	☐	☐
d | $\alpha = 14°$, $\beta = 116°$, $\gamma = 50°$	☐	☐
e | Das Dreieck soll gleichschenklig und rechtwinklig sein mit $c = 6$ cm und $\alpha = 35°$.	☐	☐
f | $a = 200$ mm, $b = 18$ cm, $c = 0{,}09$ m	☐	☐

13 **Stimmts? Widerlege durch ein Beispiel oder begründe.**

a | Zwei rechtwinklige Dreiecke sind kongruent, wenn sie in einer Seite und einem weiteren Winkel übereinstimmen.
b | Zwei rechtwinklige Dreiecke sind kongruent, wenn sie in der Höhe übereinstimmen.
c | Zwei rechtwinklige Dreiecke sind kongruent, wenn sie in der Basis und dem gegenüberliegenden Winkel übereinstimmen.

KrizZy

Puh! Ich brauche einen von euch! Wer ist online? Wir sollen mithilfe von Kreisen Dreiecke konstruieren. Was hab ich denn davon? 😨

Einstein

Du meinst wohl den Satz von dem alten Griechen? Thales von Milet hieß der. Der hat mit einfachen Mitteln, z. B. mit Schnur und Pflock, Naturwissenschaften erklärt. Ganz cool.

Der *Satz des Thales* besagt:

Liegt der Punkt C eines Dreiecks auf einem Halbkreis über der Strecke AB, dann hat das Dreieck bei C einen **rechten Winkel.** Die **Strecke AB ist der Durchmesser des** ***Thaleskreises.***

PacPoc

Und jetzt mal praktisch – erst mal eine Strecke AB:

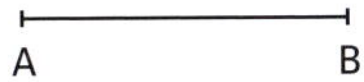

Nun einen Kreis so, dass AB der Durchmesser des Kreises ist. Ich mach mal nur den oberen Halbkreis:

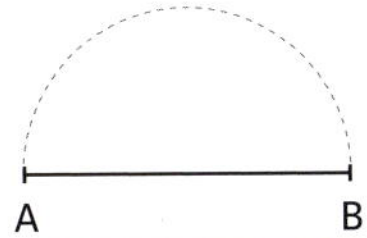

Zeichnet man nun ein Dreieck so, dass der Punkt C auf dem Halbkreis liegt, ist der Winkel bei C ein rechter Winkel, egal wo C auf dem Kreis liegt.

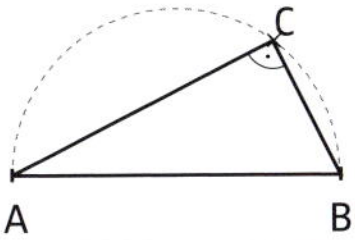

Damit ist das Dreieck ABC ein rechtwinkliges.

Einstein

Und die Umkehrung gilt auch:

Wenn das **Dreieck ABC rechtwinklig** ist und $\gamma = 90°$ der rechte Winkel ist, dann **liegt C auf dem Thaleskreis über AB.**

KrizZy

Ist ja alles ganz prima – aber was mache ich damit? Wie kann ich damit denn nun meine **Dreiecke konstruieren?**

PacPoc

Am besten mach ich mal ein Beispiel:
Konstruiere ein Dreieck mit einem rechten Winkel bei C und c = 6 cm, $\gamma = 90°$ und $\alpha = 35°$.
Und nun mal Schritt für Schritt:

- c ist im Dreieck die Strecke AB. Zeichne also so eine Strecke mit der Länge $\overline{AB}$ = 6 cm und markiere die Endpunkte mit A und B.

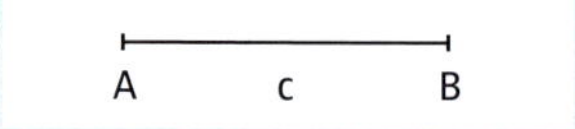

- Zeichne einen Kreis (Halbkreis reicht) um den Mittelpunkt der Strecke mit Radius r = 3 cm. Dieser Kreis hat c dann als Durchmesser und ist ein **Thaleskreis.**

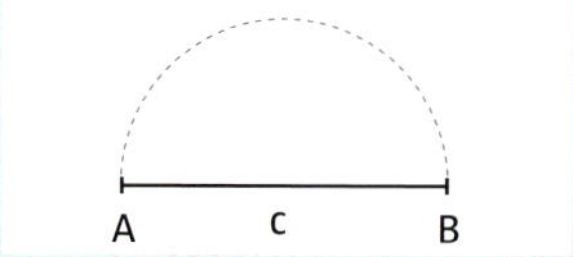

- Trage an Punkt A den Winkel $\alpha = 35°$ an. Der 2. Schenkel schneidet den Halbkreis bei C.

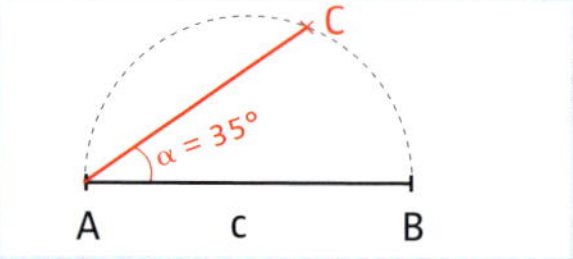

- Verbinde B mit C und du hast das Dreieck ABC.

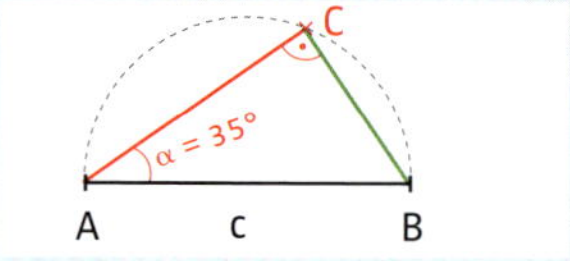

14 **Konstruiere aus den gegebenen Größen jeweils ein rechtwinkliges Dreieck.**

a | $c = 7{,}2\,cm$, $\gamma = 90°$ und $\beta = 40°$
b | $a = 5\,cm$, $\alpha = 90°$ und $\beta = 55°$
c | $b = 5\,cm$, $\alpha = 30°$ und $\beta = 60°$
d | $c = 6\,cm$, $b = 3{,}5\,cm$ und $\gamma = 90°$

15 **Zeichne ein beliebiges Dreieck und zeichne um AB und AC einen Thaleskreis. Wo schneiden sich die Kreise?**

16 **Konstruiere die folgenden rechtwinkligen Dreiecke und fertige eine Konstruktionsbeschreibung an.**

a | $c = 8\,cm$, $\alpha = 50°$, $\beta = 40°$
b | $a = 4\,cm$, $b = 6{,}5\,cm$, $\beta = 90°$

17 **Gegeben ist ein Kreis mit dem Radius $r = 3{,}4\,cm$. Konstruiere ein Rechteck, dessen Ecken auf dem Kreis liegen und dessen eine Seite 2,1 cm lang ist.**

18 **Zeichne zu einer 5 cm langen Strecke den Thaleskreis. Benutze nur Zirkel und Lineal.**

19 **Konstruiere ein gleichschenkliges, rechtwinkliges Dreieck mit AB = 7 cm.**

20 **Zeichne ein beliebiges Viereck ABCD mit $\gamma = 90°$ und $\alpha = 90°$. Warum liegen die Ecken des Vierecks auf einem Kreis? Zeichne den Kreis ein.**

21 **Zeichne ein Drachenviereck ABCD mit $\delta = \beta = 90°$, $e = 10\,cm$ und $\alpha = 56°$. Konstruiere mithilfe des Thaleskreises.**

22 **Berechne die Winkel α_1 und α_2. Das rote Dreieck ist gleichschenklig.**
(Tipp: Die Summe der Innenwinkel eines Dreiecks beträgt 180°.)

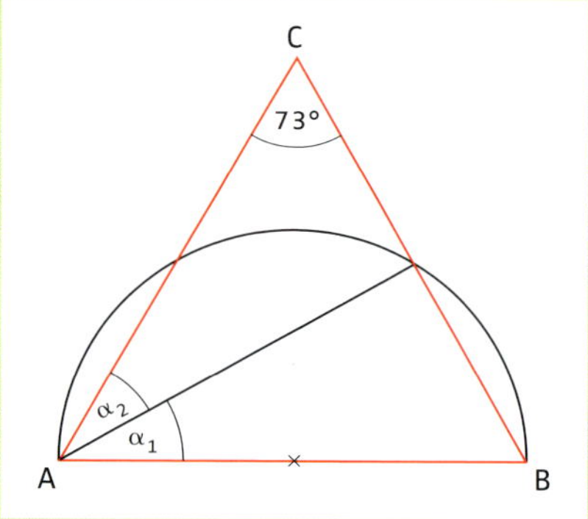

23 **Vervollständige den Text.**

Ein Kreis mit dem ______ AB heißt ______ über der Strecke AB.

Für jeden Punkt C, der auf diesem ______ liegt, gilt:

- Der Winkel ∢ ACB ist ein ______ Winkel;
- das Dreieck ABC ist ______.

24 **Wie groß sind die fehlenden Winkel? Berechne sie mithilfe des Satzes des Thales. (Tipp: $\gamma_2 = \beta$)**

a | $\alpha = 52°$
b | $\epsilon = 103°$
c | $\gamma_1 = 57°$
d | $\delta = 28°$

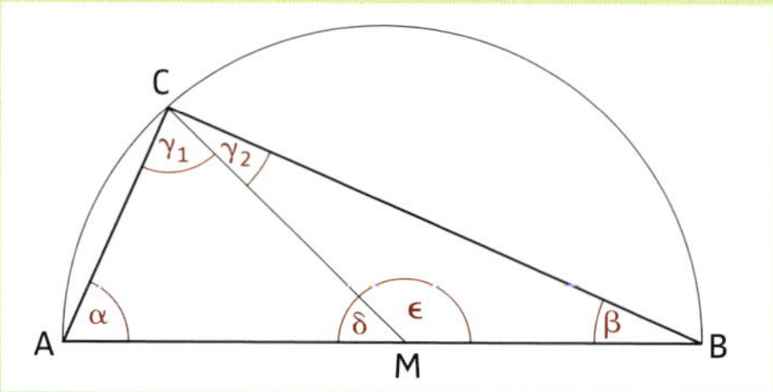

7 BERECHNUNGEN AN VIELECKEN UND PRISMEN

Flächeninhalte von Dreiecken und Vierecken → 86
Prismen → 92

BEISPIEL

Oft haben Dosen und Schachteln die Form von Prismen, aber auch Deiche und Kanäle sind häufig Prismen mit trapezförmiger Querschnittsfläche.

VERWENDUNG

Flächen und Rauminhalte kann man in der Regel nicht direkt messen. Sie lassen sich jedoch aus der angegebenen Länge, Breite und Höhe rechnerisch ermitteln.

WIEDERHOLEN

Damit sollten wir uns eigentlich schon auskennen:
- Flächenberechnung bei Quadraten und Rechtecken
- Volumenberechnung bei Würfeln und Quadern

KrizZy

Hi Leute, wir wiederholen **Flächeninhalte!** Wer kann das noch? Als Hausaufgabe sollen wir die Flächen von diesen Dreiecken berechnen – und ich hab keinen Plan:

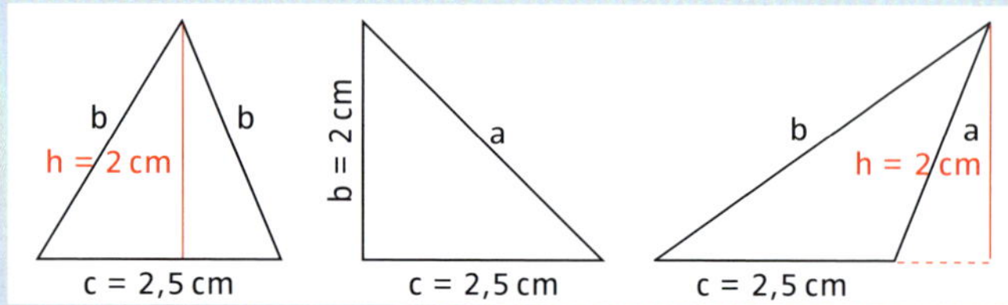

Einstein

Erst mal allgemein: Den Flächeninhalt A eines Dreiecks berechnest du mit der Formel:

$$A = \frac{g \cdot h_g}{2}$$

Du suchst dir eine Seite als **Grundseite** aus (die heißt dann g). Es ist egal, welche du nimmst. h_g steht für die **Höhe** des Dreiecks auf der Seite g. Die Höhe ist das **Lot** vom gegenüberliegenden Eckpunkt auf die Seite g. Wichtig – du musst unbedingt **die Höhe zu der Seite nehmen, die du als g gewählt hast!**

KrizZy

O.k., beim ersten Dreieck kapier ich das.
$g = c = 2{,}5$ cm, $h_g = 2{,}0$ cm

dann ist $A = \frac{2 \cdot 2{,}5\ \text{cm}^2}{2} = 2{,}5\ \text{cm}^2$

Aber wo ist die Höhe im 2. und im 3. Dreieck?

PacPoc

Das 2. Dreieck ist ein rechtwinkliges Dreieck. Die Seiten, die den rechten Winkel einschließen, heißen übrigens Katheten. Wenn du nun die eine Kathete als Grundseite nimmst, ist die andere die Höhe – denn beide Katheten stehen ja senkrecht aufeinander. Im zweiten Dreieck ist also die Seite b die Höhe, wenn c die Grundseite ist.
Du kannst auch b als Grundseite nehmen, dann ist die Seite c Höhe auf b. Ist vollkommen egal.
Und im 3. Dreieck liegt die Höhe außerhalb des Dreiecks. Das macht aber nichts, ist trotzdem die Höhe auf g.
Bei den drei Dreiecken sind g und h_g also immer gleich – deshalb sind auch die Flächen gleich.

KrizZy

O.k., seh ich ein. ☺ Aber das ist ja noch nicht alles – wir haben auch noch Vierecke. Die Formeln zur Flächenberechnung von **Quadrat** und **Rechteck** kenn ich ja noch:

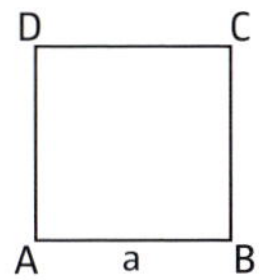

Quadrat
$A = a^2$

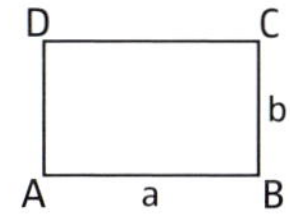

Rechteck
$A = a \cdot b$

Aber dieses Ding, was mich immer an Zirkus erinnert, und so ein schiefes Rechteck ...

Einstein

Ach, du meinst ein **Trapez** und ein **Parallelogramm.** Da gibts auch Formeln, mit denen man deren Flächeninhalte berechnen kann, dann ist das einfach. Beim Parallelogramm brauchst du eine Seite und die Höhe auf dieser Seite; beim Trapez brauchst du die beiden Grundseiten und die Höhe:

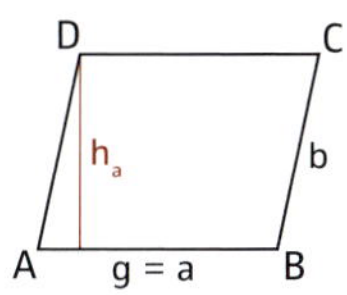

Parallelogramm
$A = a \cdot h_a$

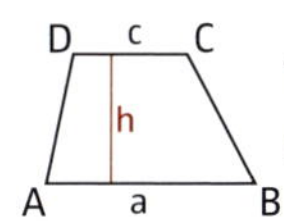

Trapez
$A = \frac{a + c}{2} \cdot h$

KrizZy

Gut – wenn also bei einem Parallelogramm $a = 3\,cm$ und $h_a = 2{,}5\,cm$ ist, dann ist sein Flächeninhalt:

$A = 3\,cm \cdot 2{,}5\,cm = 7{,}5\,cm^2$.

Und bei dem Trapez in meiner Aufgabe ist $a = 5\,cm$, $c = 2\,cm$ und $h = 2{,}5\,cm$, dann ist die Fläche:

$A = \frac{5\,cm + 2\,cm}{2} \cdot 2{,}5\,cm = 8{,}75\,cm^2$.

Hab ich kapiert! 😎

PacPoc

So, und die Formel zur Flächenberechnung für **Drachenviereck** und **Raute** ist für beide dieselbe; du brauchst die beiden Diagonalen:

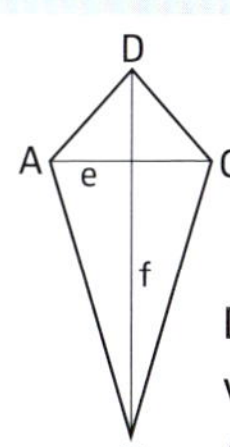

Drachenviereck
$A = \frac{1}{2} e \cdot f$

1 **Berechne die Flächeninhalte der Dreiecke:**

a | Grundseite 4 cm; Höhe 6 cm

b | g = 23 mm; h = 1,5 cm

c | g = 135 cm; h = 680 mm

d | g = 4 m; h = 280 cm

2 **Berechne die Flächeninhalte der Rechtecke. Achte darauf, dass Länge und Breite in derselben Einheit angegeben werden müssen.**

a | a = 3 m; b = 3,5 m

b | a = 2,5 cm; b = 4 cm

c | a = 5 m; b = 35 dm

d | a = 0,2 dm; b = 3 cm

e | a = 3 km; b = 750 m

f | a = 0,003 km; b = 25 m

g | a = 30 mm; b = 12 cm

h | a = 20 mm; b = 1,5 dm

3 **Berechne die Flächeninhalte der Parallelogramme.**

a |

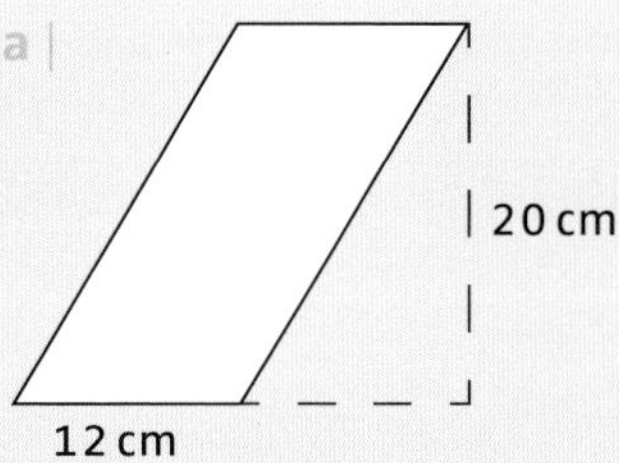

b |

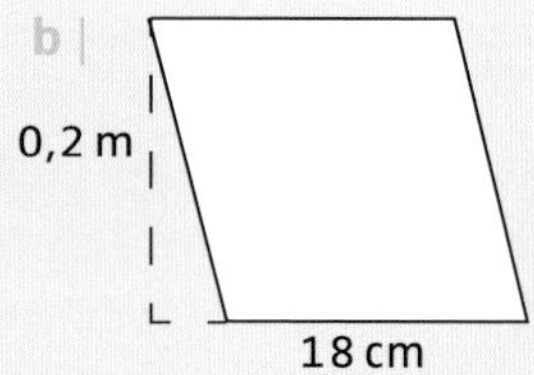

c |

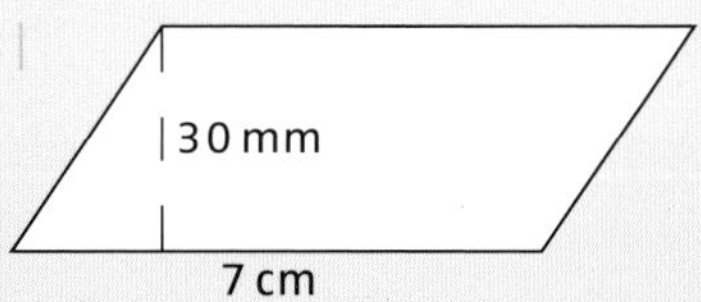

d |

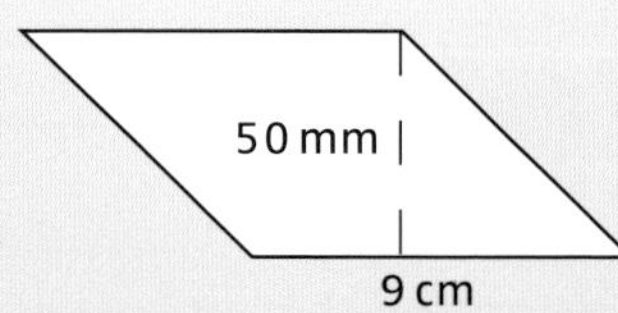

4 **Rico möchte einen Drachen bauen, dessen lange Diagonale 80 cm und dessen kurze Diagonale einen halben Meter beträgt. Wie viel Papier braucht er? (Ohne Berücksichtigung des Verschnittes)**

5 Berechne die Flächeninhalte der Trapeze.

a |

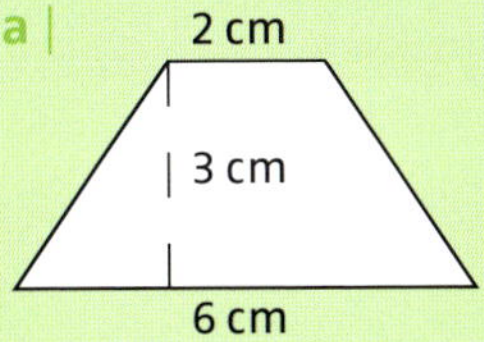

b |

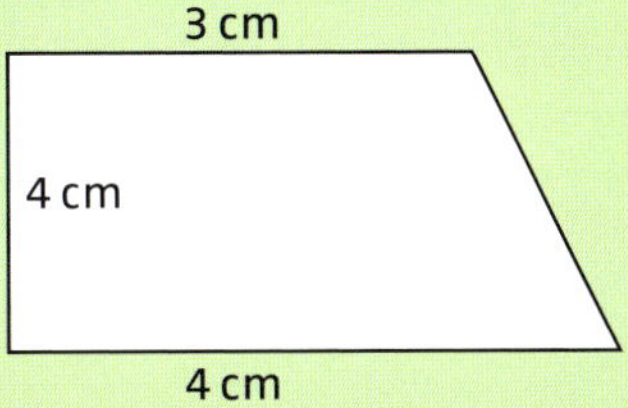

c |

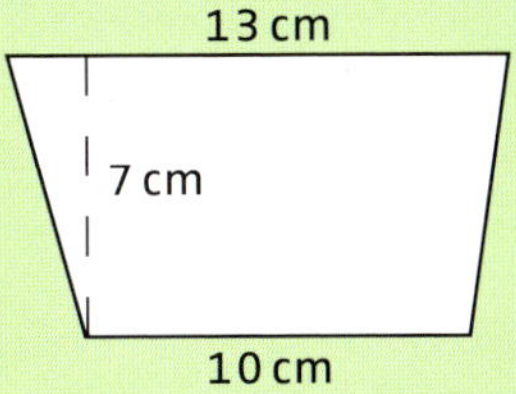

d |

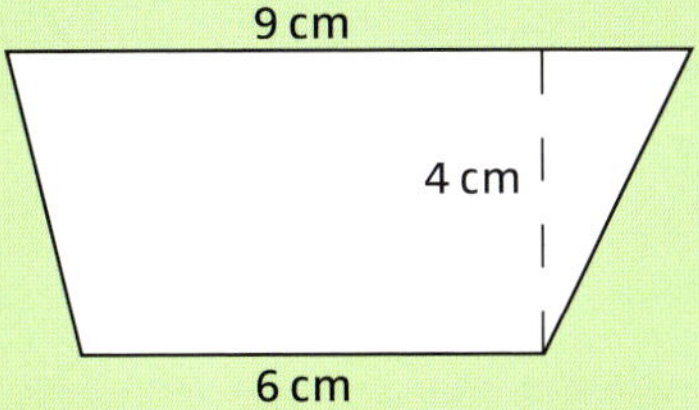

6 Ein Giebelfenster hat eine Grundseite von 1,20 m und eine Höhe von 0,80 m.

a | Berechne den Flächeninhalt des Fensters.
b | Was kostet das Fenster, wenn 1 m^2 des Glases 32 € kostet?

7 Eine Weide hat eine Breite von 65 m und eine Länge von 120 m. Wie groß ist die Fläche der Weide?

8 Neben der Weide aus Aufgabe 7 liegt eine Wiese, die ebenfalls 120 m lang ist. Ihre Fläche beträgt 10 320 m^2. Wie breit ist die Wiese?

9 Ein Kanal hat einen trapezförmigen Querschnitt. Er ist an seinem Grund 17 m und an der Wasseroberfläche 23 m breit. Wie groß ist die Fläche des Querschnitts, wenn der Kanal 3,5 m tief ist?

10 **Berechne die Flächeninhalte der abgebildeten Figuren.**

a |

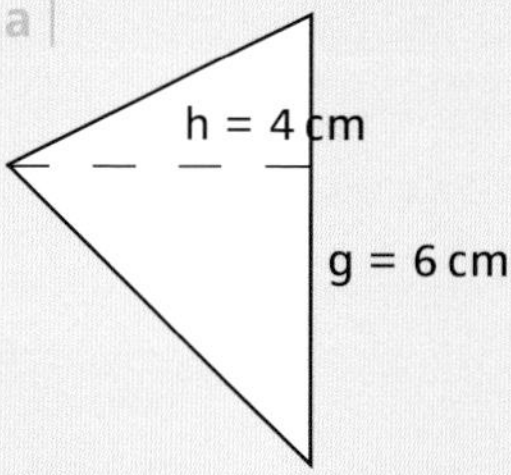

b |

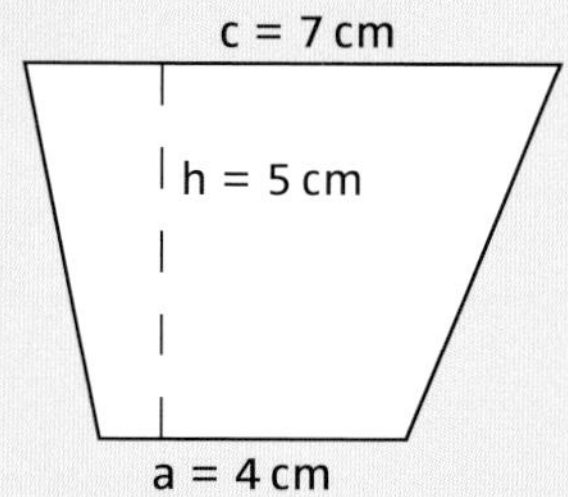

c |

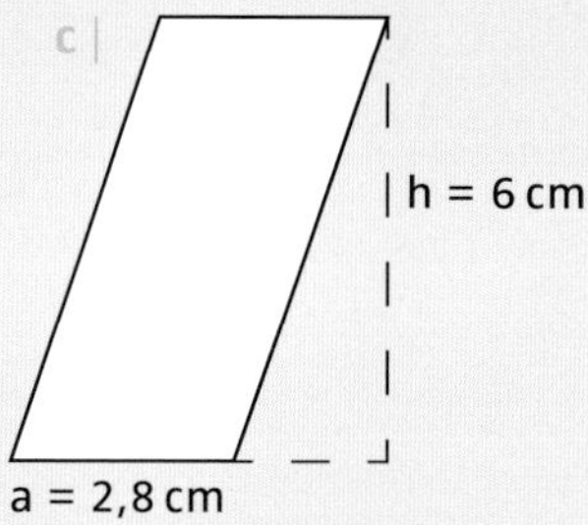

d |

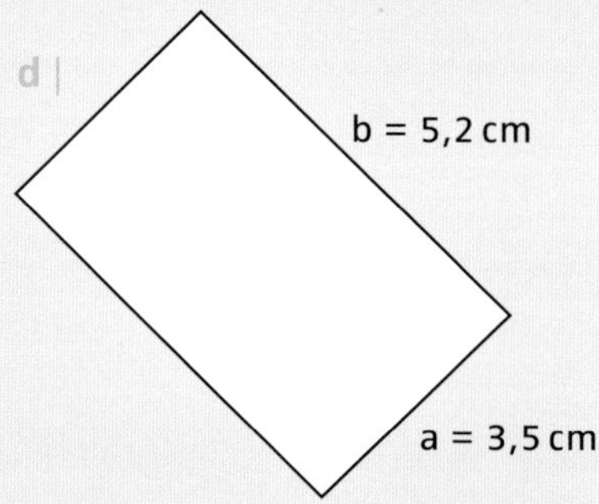

11 **Berechne die fehlenden Größen.**

	TRAPEZ	RECHTECK	QUADRAT	DREIECK	PARALLELO-GRAMM
SEITE a	9 mm	12 m	5,5 cm		70 mm
SEITE c				6 m	
FLÄCHEN-INHALT A	63 mm²	84 m²			28 cm²
HÖHE	8 mm			2 m	

12 **Neben den speziellen Vierecken wie Quadrat, Rechteck, Parallelogramm oder Trapez, gibt es auch Vierecke ohne jede Regelmäßigkeit. Deren Flächeninhalte kannst du berechnen, indem du das Viereck in leicht zu berechnende Teilflächen zerlegst.**

a | Zerlege das gegebene Viereck in zwei Dreiecke. Wie viele Möglichkeiten findest du?

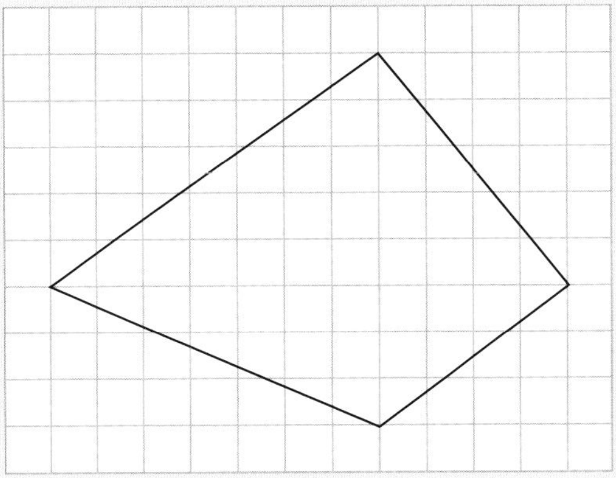

b | Ein Kästchen entspricht 1 cm. Berechne die Flächeninhalte der Dreiecke.

1. Möglichkeit:

Dreieck 1:

Dreieck 2:

2. Möglichkeit:

Dreieck 1:

Dreieck 2:

c | Berechne nun den Flächeninhalt des Vierecks, indem du die Dreieckflächen addierst.

1. Möglichkeit:

2. Möglichkeit:

d | Was wäre ein sicherer Hinweis, dass du falsch gerechnet hast?

KrizZy

Seid ihr am PC? Wir machen zurzeit *Prisma* in der Schule. Sagt euch das was? Wer kann mir helfen? Ich muss Schrägbilder dazu zeichnen und Netze.

?

PacPoc

Prismen sind Körper, deren **Grundfläche ein Vieleck** ist und dessen **Seitenkanten parallel und gleich lang** sind. Die Mantelfläche besteht nur aus Rechtecken.

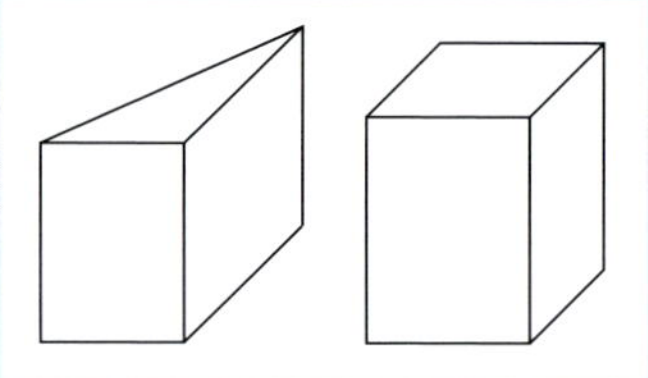

Grund- und Deckfläche sind kongruent und parallel. Ich zeichne hier mal ein Dreiecksprisma und ein Rechteckprisma. Ein Prisma mit einem Rechteck als Grundfläche ist nichts anderes als ein *Quader.*

Einstein

Erinnert ihr euch noch an die *Schrägbilder* der Quader? Man zeichnet die Vorderseite in Originalgröße oder einem passenden Maßstab und im 45°-Winkel die Seitenkanten nach hinten, dabei verkürzt man diese auf die Hälfte der angegebenen Längen. Verdeckte Kanten gestrichelt zeichnen:

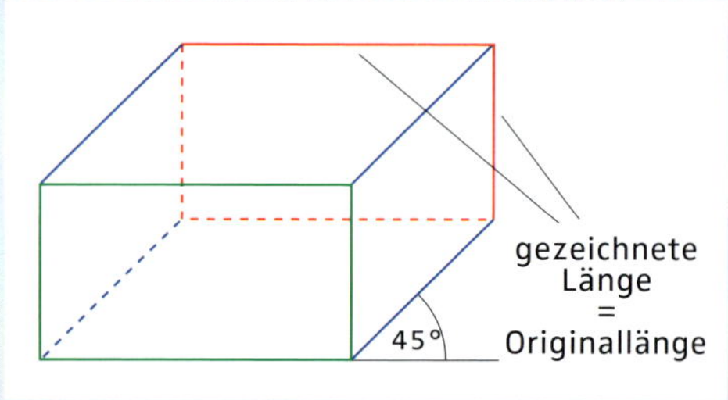

Beim Prisma geht das genauso. Du nimmst die Grundfläche als Vorderfläche und zeichnest die Höhenkanten nach hinten im 45°-Winkel. Hinten fügst du noch mal die Grundfläche in Originalgröße ein.

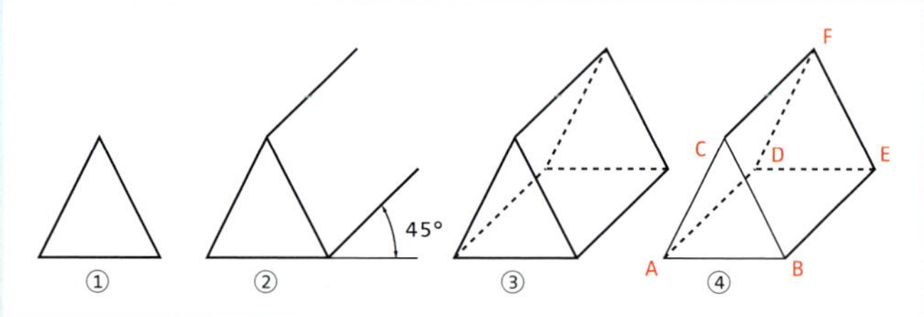

PacPoc

Das Netz stellt die Oberfläche eines Körpers dar. Die Oberfläche eines Prismas besteht aus Rechtecken und den Grundflächen.

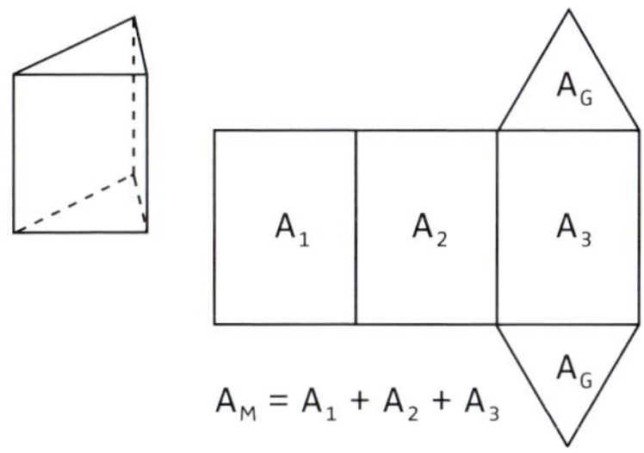

zero

Das mit den Netzen hatte ich schon kapiert – aber es kommt noch schlimmer: Wir sollen das Volumen von so einem Prisma berechnen.

PacPoc

Ist nicht schwer. Du musst nur die **Grundfläche mit der Höhe multiplizieren.** Dazu musst du wissen, wie groß die Grundfläche ist. D. h., du musst die Formel zur jeweiligen Flächenform kennen. Vierecke und Dreiecke hatten wir ja neulich im Chat (S. 86).

Einstein

Also wenn du damit anfängst, musst du zero auch die Formel geben, sonst kann er doch nicht rechnen:
Volumen eines Prismas: $\mathbf{V = A_G \cdot h_P}$**.**

KrizZy

Aber so ganz ohne ein Beispiel kann zero auch nichts damit anfangen. Dann mach ich das mal:
Berechne das Volumen eines Prismas, das eine dreieckige Grundfläche hat mit $c = 5\,\text{cm}$ und $h_c = 2{,}5\,\text{cm}$.
Die Höhe des Prismas beträgt 8 cm.
Das Volumen rechne ich dann so aus:
$V = A_G \cdot h_P = \frac{1}{2} \cdot 5\,\text{cm} \cdot 2{,}5\,\text{cm} \cdot 8\,\text{cm} = 50\,\text{cm}^3$
Das Prisma hat also ein Volumen von $50\,\text{cm}^3$.

Einstein

Man muss ganz schön aufpassen, ob von der Höhe der Grundfläche (wenn das z. B. ein Dreieck oder ein Trapez ist) oder von der Höhe des Prismas die Rede ist!

13 **Zeichne das Schrägbild eines Prismas mit dreieckiger Grundfläche.**

a | $a = 3{,}2\,cm$, $b = 2{,}2\,cm$, $c = 5\,cm$ und $h_P = 6\,cm$
b | $a = 5\,cm$, $b = 4\,cm$, $\gamma = 75°$ und $h_P = 10\,cm$

14 **Zeichne das Schrägbild eines Prismas mit trapezförmiger Grundfläche.**

a | $a = 5\,cm$, $c = 2\,cm$, $\alpha = 65°$, $h_T = 3\,cm$, $h_P = 7{,}2\,cm$
b | $a = 6{,}5\,cm$, $c = 2\,cm$, $\beta = 35°$, $h_T = 2{,}5\,cm$, $h_P = 7{,}2\,cm$

15 **Die Abbildungen sollen Netze von Prismen darstellen, aber hier sind wohl ein paar Fehler passiert. Finde die Fehler und korrigiere sie.**

a |

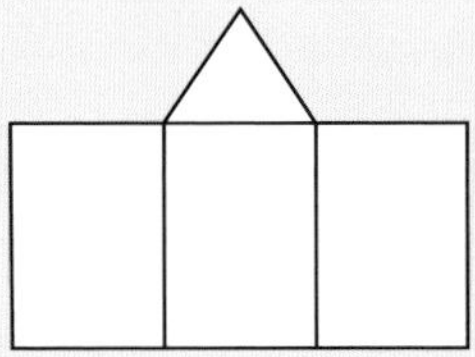

b |

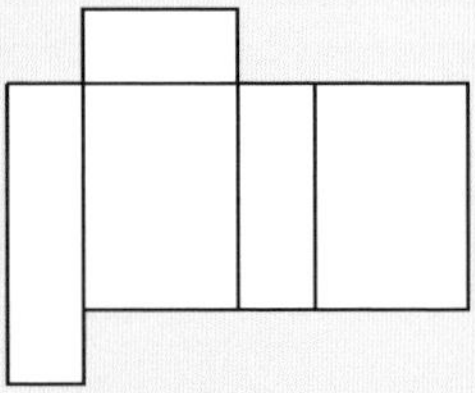

16 **Zeichne die Netze der Prismen aus Aufgabe 13a) und 14a).**

17 **Gegeben ist ein Prisma mit dreieckiger Grundfläche. Das Dreieck hat die Seitenlängen 5 cm, 3 cm und 4 cm. Das Prisma hat eine Höhe von 7 cm.**

a | Berechne die Oberfläche.
b | Zeichne das Netz dieses Prismas.

18 **Von einem geraden Prisma mit rechteckiger Grundfläche sind das Volumen, die Höhe und die Grundfläche bekannt: $V = 864\,cm^3$, $h = 16\,cm$ und $a = 9\,cm$.**

a | Berechne die Länge der Seite b.
b | Wie groß ist die Oberfläche?
c | Zeichne das Netz des Prismas.

19 **Zeichne das Schrägbild eines Prismas mit trapezförmiger Grundfläche mit a = 3 cm, c = 5 cm und h_t = 2 cm. Die Prismenhöhe beträgt 4,5 cm.**

20 **Berechne das Volumen eines Prismas mit trapezförmiger Grundfläche mit a = 6 cm, c = 3 cm, α = 75°, h_T = 3 cm, h_P = 7,2 cm.**

21 **Berechne das Volumen eines Prismas mit quadratischer Grundfläche mit a = 4,5 cm, h_P = 12 cm.**
Zeichne das Schrägbild und das Netz des Prismas.

22 **Das abgebildete Prisma hat die angegebenen Maße.**

a | Berechne das Volumen des Prismas.
b | Zeichne das Netz des Prismas in einem geeigneten Maßstab.

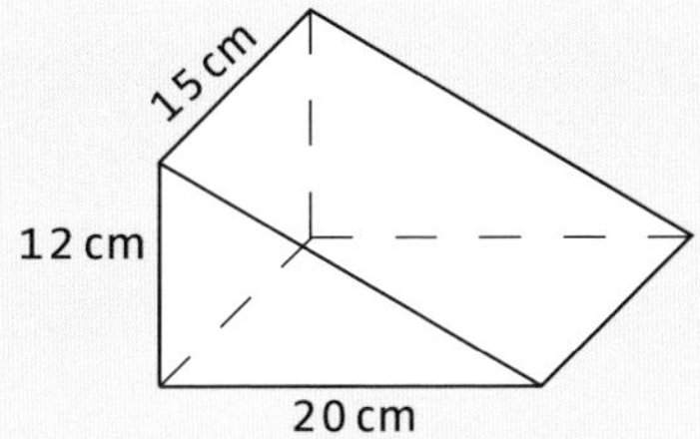

23 **Ein 1 m tiefer Kanal ist an der Wasseroberfläche 6,5 m breit und am Boden 3,8 m breit. Der Querschnitt des Kanals ist trapezförmig. Ein Abschnitt des Kanals ist 500 m lang. Wie viel Wasser ist in dem Kanalstück?**

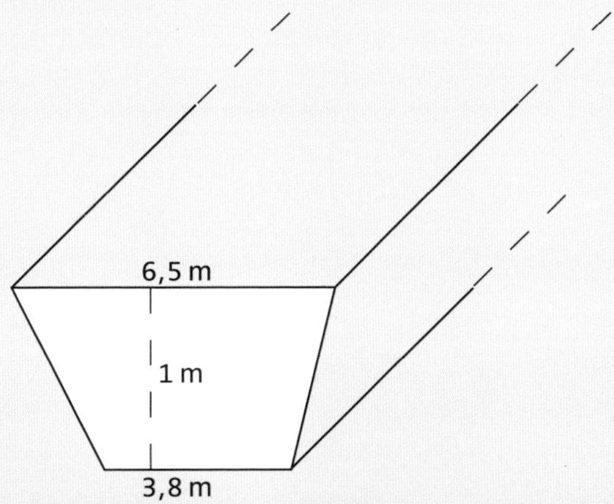

24 **Zu welcher Figur passen die Aussagen? Kreuze zutreffende Aussagen an.**

	Würfel	Quader	Prisma
a | Alle Flächen sind parallel zueinander.	☐	☐	☐
b | Nur zwei gegenüberliegende Flächen sind parallel.	☐	☐	☐
c | Es sind nur rechte Winkel vorhanden.	☐	☐	☐
d | Die Seiten können ganz unterschiedlich aussehen.	☐	☐	☐
e | Der Körper hat 6 Flächen.	☐	☐	☐

25 **Berechne den umbauten Raum eines Hauses, das 15 m breit und 8 m tief ist. Bis zur Traufe beträgt die Höhe 4 m. Darüber ist das Dach, das 3 m hoch ist.**

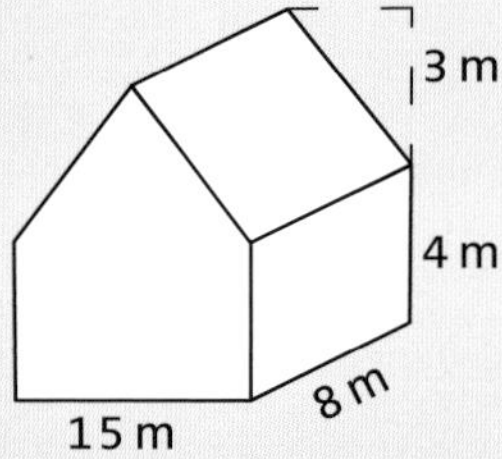

26 **Eine Schokolade ist in einer prismenförmigen Pappschachtel mit dreieckiger Grundfläche verpackt. Das gleichschenklige Dreieck der Grundfläche hat die Seitenlängen 3,6 cm, 3,6 cm und 3,8 cm. Die Höhe auf der längeren Seite beträgt 3 cm. Die Schachtel ist 14 cm lang.**

a | Berechne den Flächeninhalt der Grundfläche des Prismas.
b | Berechne den Flächeninhalt der Mantelfläche des Prismas.
c | Wie viel Pappe benötigt man für die Pappschachtel?
d | Wie viel Gramm Schokolade passen in die Schachtel, wenn die Dichte von Schokolade $1{,}3\ \frac{g}{cm^3}$ ist?

8 DATEN UND WAHRSCHEINLICHKEITEN

BEISPIEL

Ziehe zweimal je eine Kugel aus einem Beutel mit 10 gelben und 4 roten Kugeln. Wie groß ist die Wahrscheinlichkeit, dass du beim 2. Mal Ziehen eine rote Kugel erwischst?

VERWENDUNG

Vieles im Alltag ist vom Zufall abhängig. Die Wahrscheinlichkeitsrechnung hilft einem, bestimmte Ereignisse besser einschätzen zu können, um so Entscheidungen leichter treffen zu können.

WIEDERHOLEN

Das kennen wir schon:
- Prozentrechnung → 28
- relative Häufigkeit
- absolute Häufigkeit

KrizZy

Heute wars spannend. Wir haben Würfel geworfen und dann geguckt, mit welcher Wahrscheinlichkeit welche Augenzahlen auftreten. Da gab es Ergebnisse und Ereignisse ...

Einstein

Das Werfen eines Würfels ist ein *Zufallsexperiment.* Das sind **Experimente, die du beliebig oft wiederholen kannst** und bei denen du zwar weißt, welche Ergebnisse auftreten können – aber du weißt nicht, welches davon tatsächlich auftreten wird. Der Wurf mit einem Würfel kann nur die Zahlen 1 bis 6 ergeben. Ω ist die Menge der möglichen *Ergebnisse,* man spricht von der *Ergebnismenge.* Für einen Würfelwurf ist also $\Omega = \{1; 2; 3; 4; 5; 6\}$.
Wenn du zweimal würfeln darfst, sieht die Ergebnismenge so aus: $\Omega = \{(1; 1), (1; 2), (1; 3), ... (3; 1), (3; 2), ... (6; 5), (6; 6)\}$.

PacPoc

Manchmal sind mehrere Würfe günstig – wenn du Einstein z. B. mit einer 2 *oder* einer 3 rauswerfen kannst. Die **günstigen Ergebnisse** fasst du zu einem *Ereignis* zusammen. Dein Ereignis wäre $E = \{2; 3\}$.

KrizZy

Aber was ist denn nun die Wahrscheinlichkeit von so einem Ereignis? Wie wahrscheinlich ist es, dass ich Einstein rauswerfe?

Einstein

Mich rauswerfen? Geht gar nicht.
Aber im Ernst: Die *Wahrscheinlichkeit* P, mit der ein Ereignis E auftritt, berechnest du mit der Formel:

$$P(E) = \frac{\text{Anzahl der günstigen Ergebnisse}}{\text{Anzahl aller Ergebnisse}}$$

Günstige Ergebnisse gibt es hier zwei (2 und 3) und sechs Ergebnisse sind insgesamt möglich (1 bis 6), also ist: $P(E) = \frac{2}{6} = \frac{1}{3}$.

PacPoc

Du kannst Wahrscheinlichkeiten auch in *Prozent* ausdrücken. Eine Wahrscheinlichkeit von $\frac{1}{3}$ ist $0{,}\overline{3}$ oder auch $33{,}\overline{3}\,\%$.

Einstein

Das kannst du auch für den Fall ausrechnen, dass du z. B. 2-mal würfeln darfst: Wie groß ist die Wahrscheinlichkeit, eine 3 und eine 4 zu würfeln?
E: *eine 3 und eine 4 würfeln:* (3;4), (4;3)
Anzahl der günstigen Ergebnisse = 2
Anzahl aller Ergebnisse = 36, nämlich: $\Omega = \{(1; 1), (1; 2), (1; 3), \dots (3; 1), (3; 2), \dots (6; 5), (6; 6)\}$
Die Wahrscheinlichkeit ist dann:
$P(E) = \frac{2}{36} = \frac{1}{18} = 0{,}0\overline{5} = 5{,}6\,\%$

KrizZy

Wir sollten die Wahrscheinlichkeit dafür berechnen, dass aus einem Beutel mit 7 roten und 5 weißen Kugeln eine rote gezogen wird. Aber ich krieg das nicht mehr hin. 😨

Einstein

Du ziehst aus insgesamt 12 Kugeln – es gibt also 12 **mögliche Ergebnisse.** Die Wahrscheinlichkeit, genau eine rote Kugel zu ziehen ist $\frac{7}{12}$, denn du hast ja 7 rote Kugeln – also 7 **günstige Ergebnisse.**

KrizZy

Und dann hat unser Lehrer uns auf den Arm genommen – wir sollen die Wahrscheinlichkeit für eine blaue Kugel berechnen. Da sind doch gar keine blauen Kugeln drin.

Einstein

Das ist ein ***unmögliches Ereignis,*** eins, das nie eintreten kann. Ein Ereignis, das mit Sicherheit eintritt, heißt ***sicheres Ereignis.*** Also das Ereignis, irgendeine Kugel zu ziehen, egal in welcher Farbe.

PacPoc

Die ***Wahrscheinlichkeit*** für ein unmögliches Ereignis ist 0, die Wahrscheinlichkeit für ein sicheres Ereignis ist 1 oder 100 %. Alle anderen Ereignisse haben eine Wahrscheinlichkeit zwischen 0 und 1 (bzw. zwischen 0 und 100 %).

Einstein

Ein Experiment, bei dem alle Ergebnisse gleich wahrscheinlich sind, nennt man ***Laplace-Experiment.*** So wie Werfen eines Würfels.

1 **Bestimme die Ergebnismengen:**

a | Würfeln mit 3 Würfeln.

$\Omega = \{$ __________ $\}$

b | Werfen von 3 Münzen.

$\Omega = \{$ __________ $\}$

c | Werfen von einem Würfel und einer Münze.

$\Omega = \{$ __________ $\}$

2 **Berechne die Wahrscheinlichkeiten.**

a | Würfeln mit einem Würfel: Würfeln einer 3.

$\Omega = \{$ __________ $\}$

Anzahl günstiger Ergebnisse: __________

Anzahl möglicher Ergebnisse: __________

Wahrscheinlichkeit P(E) = __________

b | Würfeln mit zwei Würfeln: Würfeln einer 3 und einer 6.

$\Omega = \{$ __________ $\}$

Anzahl günstiger Ergebnisse: __________

Anzahl möglicher Ergebnisse: __________

Wahrscheinlichkeit P(E) = __________

3 **Berechne die Wahrscheinlichkeiten.**

a | Würfeln mit zwei Würfeln: Würfeln der Augenzahl 5.

$\Omega = \{$ _______________ $\}$

Wahrscheinlichkeit P(E) = _______

b | Werfen von 4 Münzen: Werfen von 3 · Kopf und 1 · Zahl.

$\Omega = \{$ _______________ $\}$

Wahrscheinlichkeit P(E) = _______

4 **Gib die Ergebnismenge an und berechne die Wahrscheinlichkeit dafür, dass beim Werfen eines Würfels ...**

a | eine Primzahl gewürfelt wird.
(Tipp: 1 ist keine Primzahl.)
b | eine gerade Zahl gewürfelt wird.
c | die Augenzahl größer ist als 5.

5 **Würfelt man mit zwei Würfeln und würfelt mit beiden Würfeln die gleiche Augenzahl, so nennt man das Pasch. Wie groß ist die Wahrscheinlichkeit, beim Würfeln mit zwei Würfeln einen Pasch zu würfeln?**

6 **Wie groß ist die Wahrscheinlichkeit, die Zahl 2 oder die Zahl 4 zu würfeln?**

7 **Gib je zwei Beispiele an für ein Laplace-Experiment und für Experimente, die keine Laplace-Experimente sind.**

8 **Ein Beutel enthält Kugeln, die von 1 bis 50 nummeriert sind. Ist das Ziehen dieser Kugeln ein Laplace-Experiment?**

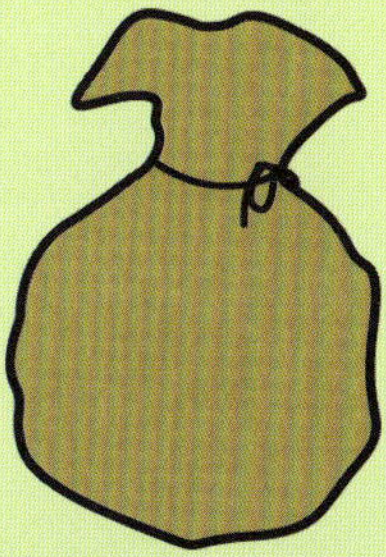

zero

Jetzt kann ich mich euch anschließen. Wir lernen jetzt auch Wahrscheinlichkeitsrechnung. Ich kann nix. Und wir sollen Bäume zeichnen. Ich glaub, ich steh im Wald ...

Einstein

Manche **Zufallsexperimente werden mehrfach hintereinander ausgeführt** – wenn du z. B zweimal hintereinander würfelst oder einmal mit zwei Würfeln gleichzeitig, oder mehrfach Lose ziehst. So was nennt man ***mehrstufige Zufallsexperimente.***

PacPoc

Ja, und die Wahrscheinlichkeiten bei solchen mehrstufigen Zufallsexperimenten zu berechnen, das kann ziemlich unübersichtlich werden! Damit man sich das besser vorstellen kann, zeichnet man ***Baumdiagramme.*** Also:
Eine Münze wird 3-mal geworfen. Wie groß ist die Wahrscheinlichkeit, dass genau 2-mal Wappen zu sehen ist?
Bei jedem Wurf kann entweder Zahl oder Wappen oben liegen, die Wahrscheinlichkeit für beide ist gleich groß, nämlich 0,5 oder 50 %. Und zwar bei jedem Wurf wieder, denn „der Zufall hat kein Gedächtnis". Die Wahrscheinlichkeiten schreibt man an die Pfade dran:

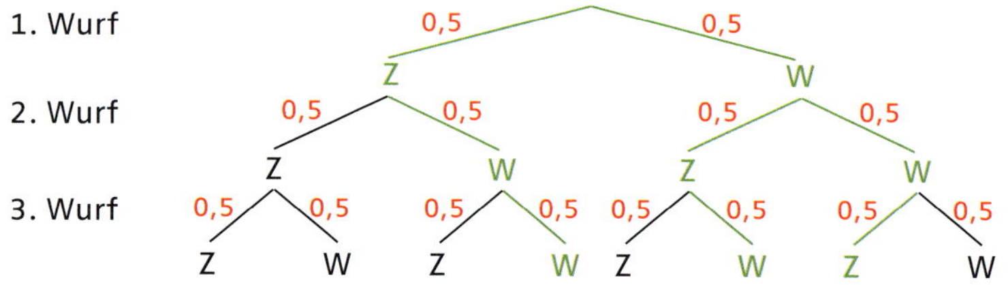

Es gibt also 3 Pfade in diesem Baumdiagramm, die zu dem Ergebnis führen, das wir wollen – nämlich 2-mal Wappen. Ich hab die mal grün gekennzeichnet.

Einstein

Jetzt müssen wir noch die Wahrscheinlichkeiten längs dieser Pfade ausrechnen.
Dafür gibt es Regeln, mit denen kannst du das ganz einfach machen – die beiden Pfadregeln.

Einstein

Sorry, hatte mich aus Versehen ausgeloggt – jetzt gehts weiter: Die **1. Pfadregel** wird auch **Produktregel** genannt. Sie lautet:
Die Wahrscheinlichkeit eines Ergebnisses ist gleich dem Produkt der Wahrscheinlichkeiten längs des zugehörigen Pfades.

PacPoc

Wieder supertheoretisch, Einstein! Das bedeutet, dass du die Wahrscheinlichkeiten der aufeinanderfolgenden Würfe multiplizierst. Ich schreib die berechneten Wahrscheinlichkeiten mal an die Pfade:

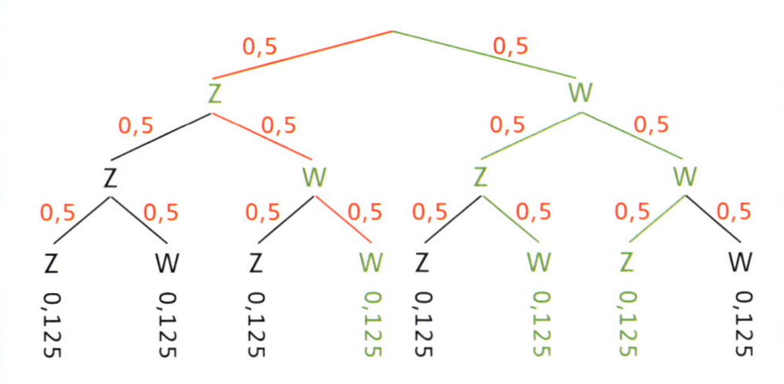

Du rechnest also z. B. für (Z; W; W):
$0{,}5 \cdot 0{,}5 \cdot 0{,}5 = 0{,}125$

Einstein

Naja, und die **2. Pfadregel** heißt auch **Summenregel.** Sie lautet (schön theoretisch 😉):
Die Wahrscheinlichkeit eines Ereignisses ist gleich der Summe der Wahrscheinlichkeiten der für dieses Ereignis günstigen Pfade.

PacPoc

Was nichts anderes heißt, als dass du dir nach dem letzten Wurf alle Pfade raussuchst, die das gewünschte Ergebnis zeigen und deren Wahrscheinlichkeiten addierst. Das sind hier drei (Z; W; W), (W; Z; W) und (W; W; Z). Macht also:
$3 \cdot 0{,}5^3 = 3 \cdot 0{,}125 = 0{,}375 = 37{,}5\,\%$

9 **Eine Münze wird 4-mal geworfen. Wie groß ist die Wahrscheinlichkeit, dass genau 3-mal Wappen zu sehen ist?**

10 **Ein Würfel wird zweimal geworfen. Wie groß ist die Wahrscheinlichkeit, dass zwei gleiche Zahlen geworfen werden?**

11 **Louisa schaut ihre Strumpfschublade an: In dieser Schublade liegen 42 Strümpfe – 24 weiße und 18 blaue. Es ist dunkel. Wie groß ist die Wahrscheinlichkeit, dass Louisa nach 2-maligem Ziehen ein zusammenpassendes Paar in der Hand hält?**

12 **In einem Beutel liegen 8 rote, 6 gelbe und 4 weiße Kugeln. Es wird 3-mal gezogen.**

a | Wie groß ist die Wahrscheinlichkeit, dass drei verschiedene Farben gezogen werden?
b | Wie groß ist die Wahrscheinlichkeit, dass drei gleiche Farben gezogen werden?
c | Wie groß ist die Wahrscheinlichkeit, dass keine weiße Kugel gezogen wird?
d | Wie ändern sich die Wahrscheinlichkeiten, wenn die Kugeln nach dem Zug zurückgelegt werden?

13 **In einem Behälter liegen 8 nummerierte Kugeln; sie tragen die Nummern von 1 bis 8. Es wird 3-mal gezogen.**

a | Wie groß ist die Wahrscheinlichkeit, dass Kugeln mit drei aufeinanderfolgenden Nummern gezogen werden?
b | Wie groß ist die Wahrscheinlichkeit, dass drei Primzahlen gezogen werden?
c | Wie groß ist die Wahrscheinlichkeit, dass eine gerade und zwei ungerade Zahlen gezogen werden?

14 **Die Wahrscheinlichkeit dafür, männlich oder weiblich zu sein, liegt bei einem Neugeborenen bei jeweils 50 %.**

a | Wie groß ist die Wahrscheinlichkeit bei einer Familie mit drei Kindern, dass sie ein Mädchen und zwei Jungen haben?

b | Wie groß ist die Wahrscheinlichkeit bei einer Familie mit drei Kindern, dass das letzte Kind ein Mädchen ist?

15 **Jeder kennt das Spiel „Schere, Stein, Papier". Es gelten folgende Regeln:**

1. Papier umwickelt den Stein und gewinnt.
2. Der Stein schleift die Schere und gewinnt.
3. Die Schere schneidet das Papier und gewinnt.

Entwickle ein Baumdiagramm für die möglichen Spielsituationen. Wie hoch ist die Wahrscheinlichkeit, dass man mit „Papier" gewinnt?

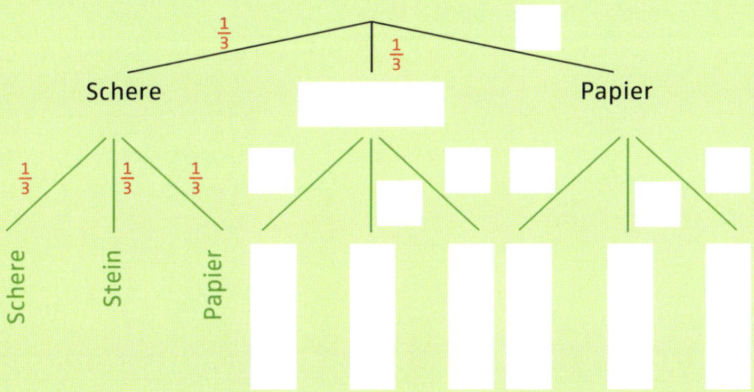

16 **Zwei Glücksräder sind in 3 Teile geteilt. Mit welchem Glücksrad hat man eine größere Chance bei 3-maligem Drehen 2-mal rot zu bekommen?**

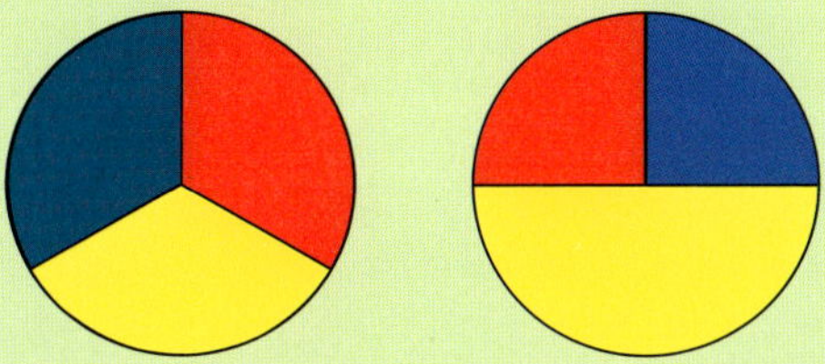

1. Terme

RECHNEN MIT VARIABLEN

1 | → Seite 9

a | Kommutativgesetz der Addition
Beim Addieren darfst du die **Summanden** vertauschen, ohne dass sich das Ergebnis ändert: 23 + 56 = 56 + 23 = **79**
Kommutativgesetz der Multiplikation
Beim Multiplizieren darfst du die Faktoren **vertauschen,** ohne dass sich das Ergebnis ändert: 4 · 16 = **16** · 4 = 64
Beim Subtrahieren darfst du **Minuend** und **Subtrahend** nicht einfach vertauschen:
18 – 79 = **–61**, aber 79 – 18 = **+61**
Beim **Dividieren** darfst du Dividend und Divisor **nicht** einfach vertauschen:
24 : 6 = 4, aber **6** : 24 = $\frac{1}{4}$
b | Assoziativgesetz der Addition
In einer Summe aus mehreren Summanden kannst du die Reihenfolge der Rechenschritte **vertauschen:**
27 + (48 + 16) = (27 + 48) + 16 = **91**
Assoziativgesetz der Multiplikation
In einem Produkt aus mehreren **Faktoren** darfst du die **Reihenfolge** der Rechenschritte vertauschen:
32 · (17 · 49) = (32 · 17) · 49 = **26 656**

2 | → Seite 10

a | Vorzeichenregeln
Zur Vereinfachung darfst du bei Addition und Subtraktion Vorzeichen und Rechenzeichen **zusammenfassen.** Sind Vorzeichen und Rechenzeichen gleich, ergibt das +, sind Vorzeichen und Rechenzeichen unterschiedlich, ergibt das –:
57 + (+34) = 57 **+** 34 = 91
57 + (–34) = 57 **–** 34 = 23
57 – (+34) = 57 **–** 34 = 23
57 – (–34) = 57 **+** 34 = 91
Ein Produkt aus mehreren Faktoren ist positiv, wenn alle Faktoren **positiv** sind; positiv, wenn die Anzahl der negativen Faktoren **gerade** ist; negativ, wenn die Anzahl der **negativen** Faktoren **ungerade** ist.
b | Potenzen
Die Multiplikation gleicher Faktoren kann als **Potenz** geschrieben werden:
$3 \cdot 3 \cdot 3 \cdot 3 = 3^4$
Dabei ist 3 die **Basis** und 4 der **Exponent** oder die Hochzahl. Der Exponent gibt die Anzahl der Faktoren an.
Ist die Basis positiv, so ist auch die Potenz **positiv;** ist die Basis negativ, so ist die Potenz positiv, wenn der Exponent **gerade** ist; und die Potenz ist **negativ,** wenn der Exponent ungerade ist.

3 | → Seite 11

a | 33
b | 5 · 7 – 6· 2 = 35 – 12 = 23
c | 7(91 – 3[–4 +8]) = 7(91 – 3 · 4)
= 7 · 79 = 553
d | 11 · (–6) – (–20) · 4 = –66 + 80 = 14
e | 28 – 6,24 – 33,6 = –11,84
f | 0,25(–0,9) – 25 = –25,225

4 | → Seite 11

a |

x	y = 2x + 5
–10	–15
–5	–5
–1	3
0	5
1	7
2	9
3	11

b |

x	y = 3x – 7
–4	–19
–3	–16
–2	–13
$-\frac{1}{2}$	$-8\frac{1}{2}$
0	–7
$\frac{1}{3}$	–6
2,5	0,5

c |

x	y = 4(x + 0,5)
–2	–6
–1	–2
–0,2	1,2
1	6
2	10
3,6	16,4

d |

x	$y = \frac{x+2}{4}$
−6	−1
−2	0
−1	$\frac{1}{4}$
$-\frac{1}{2}$	0,375
0	$\frac{1}{2}$
1	0,75

5 | → Seite 12

a |

x	$y = x^2 - 5$
−10	95
−2	−1
−0,5	−4,75
0	−5
1	−4
5	20
$\frac{1}{2}$	−4,75
2,5	1,25

b |

x	$y = (x-2)^2$
−3	25
−2,25	18,0625
−2	16
$-1\frac{1}{2}$	12,25
0	4
$2\frac{1}{3}$	$\frac{1}{9}$
2,5	0,25
3,2	1,44

6 | → Seite 12

	a)	b)	c)
Werte	$2+(x-3)\cdot 3$	$(x+1)(x-1)$	$(2+x):10$
3	2	8	0,5
8,5	18,5	71,25	1,05
$\frac{1}{4}$	−6,25	−0,9375	0,225
$2\frac{1}{2}$	0,5	5,25	0,45
3,2	2,6	9,24	0,52

	d)	e)	f)
Werte	$3x^2-4x+21$	$4(x-2)^2$	$4x^2(x+1)$
3	36	4	144
8,5	203,75	169	2745,5
$\frac{1}{4}$	20,1875	$12\frac{1}{4}$	$\frac{5}{16}$
$2\frac{1}{2}$	29,75	1	87,5
3,2	38,92	5,76	172,032

7 | → Seite 12

Deine Lösung könnte so aussehen:
a | 8, 9, 10; **b** | 15, 16, 17; **c** | 39, 40, 41;
d | 6, 7, 8

8 | → Seite 13

a | $y = 4x$; **b** | $y = 2x + 5$; **c** | $y = 5x + 10$;
d | $y = 3x - 21$

9 | → Seite 13

a | $9x - y$; **b** | b; **c** | 2m; **d** | 18x

10 | → Seite 13

a | 12x; **b** | 14a; **c** | −48x; **d** | 30x

11 | → Seite 13

a | 2x; **b** | $\frac{1}{4}x$; **c** | $x + 19$; **d** | 14x; **e** | $3(x - 5)$;
f | $7 + (x + 8)$ oder $7 + x + 8$.

12 | → Seite 14

a | $8x - 4x = 4x$
b | $3x : 6 + 6x = 0{,}5x + 6x = 6{,}5x$
c | $5x + (x - 3) = 6x - 3$
d | $-3(x - 7) = -3x + 21$
e | $x^2 - 25$
f | $(x - 3)(x + 3) = x^2 - 9$

13 | → Seite 14

Deine Lösung könnte so aussehen:
a | Bilde die Summe des Produkts aus 5 und einer Zahl und dem Produkt aus einer weiteren Zahl und 7.
b | Bilde die Summe aus 3 und 4 und subtrahiere davon die Differenz aus einer Zahl und 5.
c | Bilde die Differenz aus der Summe und der Differenz von 8 und einer Zahl.
d | Multipliziere 3 mit der Summe aus einer Zahl und 3 und subtrahiere davon 12.

14 | → Seite 14

a | $5 \cdot 4 + 7 \cdot 8 = 76$; **b** | $7 - (4 - 5) = 8$; **c** | $13 - 3 = 10$; **d** | $3(4 + 3) - 12 = 9$

15 | → Seite 14

a | a · 0,79 € + b · 1,14 € + c · 1,49 € + d · 0,99 €
b | 3 · 0,79 € + 4 · 1,14 € + 5 · 1,49 € + 6 · 0,99 € = 2,37 € + 4,56 € + 7,45 € + 5,94 € = 20,32 €
c | Die teuerste Kombination ist: 0,79 € · 3 + 1,14 € · 5 + 1,49 € · 6 + 0,99 € · 4 = 20,97 €

16 | → Seite 14

$25x + 33x - 34x = 24x$

17 | → Seite 14

a | $14x - 7y$
b | $24a - 30b + 56a - 64b - 22a - 33b = 58a - 127b$
c | $412ab + 21ab - 195ab - 211ab = 27ab$
d | $6pq - 11pq - 21pq + 27pq = pq$

FAKTORISIEREN UND AUSMULTIPLIZIEREN

18 | → Seite 17

a | $3x + 15$; **b** | $4a + 20b$; **c** | $7a + 21b - 12a + 8b - 2a = -7a + 29b$; **d** | $-0{,}5m - 2n$; **e** | $a - 14a^2 - 14a^2 + 2a + 12 = -28a^2 + 2a + 12$; **f** | $-x + 2$

19 | → Seite 17

a | $-x - y$; **b** | $a - 7b$; **c** | $x - y + x = 2x - y$; **d** | $5m - 2m + 3n - 12 = 3m + 3n - 12$; **e** | $-2b + 2c + 2b + c = 3c$; **f** | $a + b - a + b = 2b$

20 | → Seite 17

a | $6x - 6y + 21z$; **b** | $99a + 81b - 99c$; **c** | $12u - 24v + 48w - 3u - 15v - 30w = 9u - 39v + 18w$; **d** | $5a + 5b - 3a - 3b + 5a - 5b = 7a - 3b$; **e** | $-7x - 23$; **f** | $-23{,}7x + 81$

21 | → Seite 17

a | $6 \cdot 11{,}2 = 67{,}2$; **b** | $-7{,}2 \cdot (-5) = 36$
c | $5{,}4(2 - 7 + 5) = 5{,}4 \cdot 0 = 0$
d | $-9{,}1(3 - 12 + 6) = -9{,}1 \cdot (-3) = 27{,}3$

22 | → Seite 18

a | (2); **b** | (2); **c** | (3); **d** | keine der Lösungen ist richtig: $x - 7x - 63y - 3z = -6x - 63y - 3z = -3(2x + 21y + z)$

23 | → Seite 18

a | $2(3x - 5y)$; **b** | $4(9a + 8b)$; **c** | $17(2x - y)$; **d** | $4(y + 20)$; **e** | $7(a - 1)$; **f** | $3(a - b)$

24 | → Seite 18

a | $x^2(4 - 5) + 7y^2(1 + 2) = -x^2 + 21y^2$
b | $7ab(1 - 3) + 3uv(5 - 7) = -14ab - 6uv$
c | $1{,}2(1 - 3b) + 1{,}7(3c - d)$
d | $a^2b^2(4b + 2 - 3a + 5ab)$

25 | → Seite 18

Die 5 wurde nicht mit $3x^2$ multipliziert – richtiges Ergebnis: $3x^3 - 15x^2 - 3x^2y$

2. Zuordnungen und Funktionen

LINEARE FUNKTIONEN UND IHRE GRAPHEN

1 | → Seite 22

x	a) y = 2x – 3	b) y = 3x
–3	–9	–9
–2	–7	–6
–1	–5	–3
0	–3	0
1	–1	3
2	1	6
3	3	9

x	c) y = –1	d) y = –5x + 3
–3	–1	18
–2	–1	13
–1	–1	8
0	–1	3
1	–1	–2
2	–1	–7
3	–1	–12

2 | → Seite 22

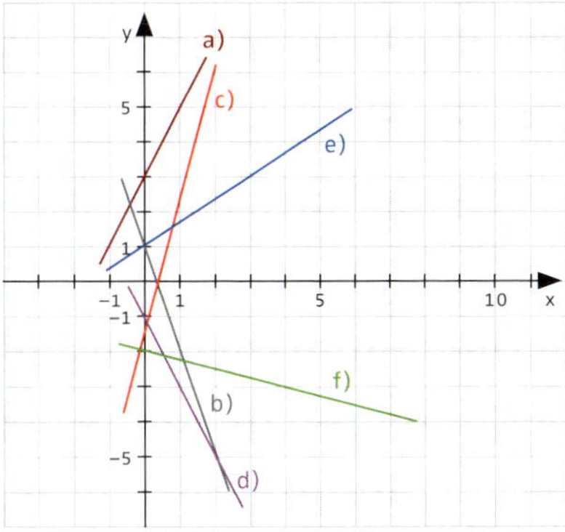

3 | → Seite 22

a | $y = 3x + 1$; **b** | $y = -4x + 4$; **c** | $y = x + 1$;
d | $y = -\frac{1}{8}x + 5$

4 | → Seite 22

a | $y = 4x - 2{,}5$; **b** | $y = \frac{1}{4}x$, **c** | $y = -3x + 2$;
d | $y = 2$

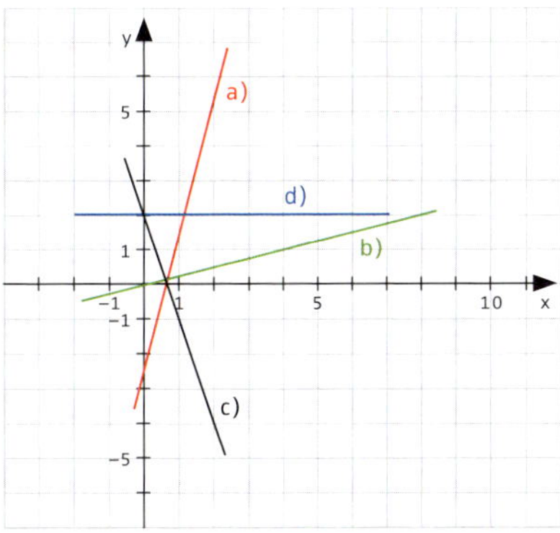

5 | → Seite 22

a | $y = x$; **b** | $y = \frac{3}{4}x + 2\frac{1}{4}$; **c** | $y = 2x - 1$;
d | $y = -2x + 3$

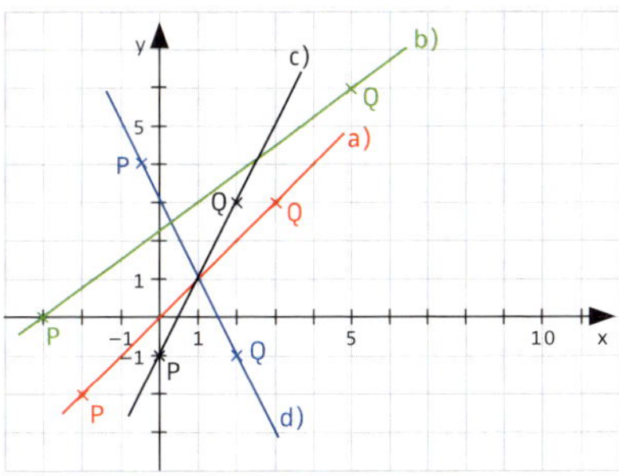

6 | → Seite 23

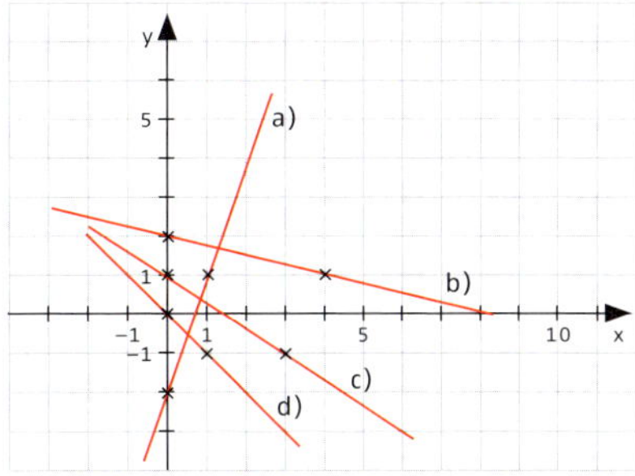

7 | → Seite 23

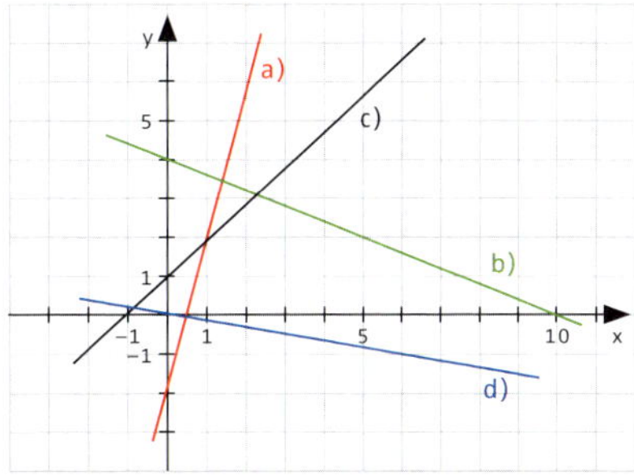

Schnittpunkte:
a | $S_x(0{,}5|0)$; $S_y(0|-2)$; **b** | $S_x(10|0)$; $S_y(0|4)$;
c | $S_x(-1|0)$; $S_y(0|1)$; **d** | $S_x(0|0)$; $S_y(0|0)$

8 | → Seite 23

a | f = falsch; **b** | f; **c** | r = richtig; **d** | r;
e | f; **f** | r

9 | → Seite 23

a |

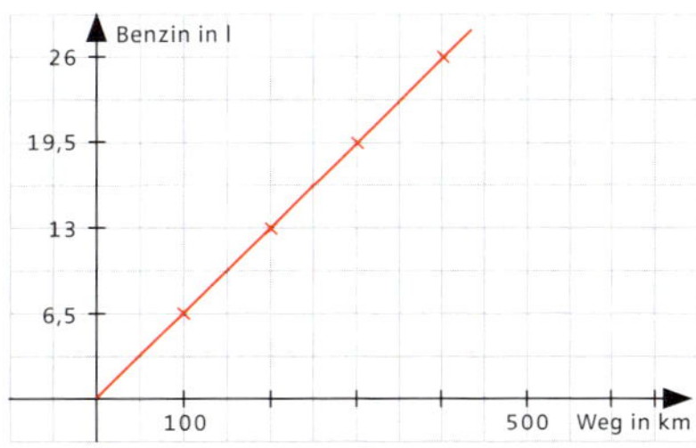

b | $y = -0{,}065x + 65$ oder $y = -\ x + 65$
c | Der Tank ist nach 1000 km leer.

10 | → Seite 23

Zuordnungsvorschrift:
$y = 2x + 3$

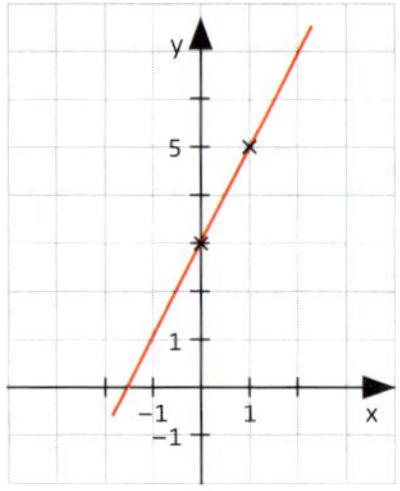

PROPORTIONALE UND ANTIPROPORTIONALE ZUORDNUNGEN

11 | → Seite 26

a | N; **b** | N; **c** | A; **d** | N; **e** | N; **f** | P

12 | → Seite 26

a | 7 Muffins ≙ 8,05 €
1 Muffin ≙ 1,15 €
11 Muffins ≙ 12,65 €
11 Muffins kosten 12,65 €.

b | 2 kg ≙ 6,60 €
1 kg ≙ 3,30 €
15 kg ≙ 49,50 €
15 kg Heidelbeeren kosten 49,50 €.

c | 3 Nächte ≙ 171 €
1 Nacht ≙ 57 €
2 Wochen ≙ 14 Nächte ≙ 798 €
14 Nächte kosten 798 €.

13 | → Seite 27

800 m ≙ 2 min 8 sec = 128 s
100 m ≙ 16 s
1500 m ≙ 240 s = 4 min
Die Läuferin braucht 4 Minuten für 1500 m.

14 | → Seite 27

8 Pumpen ≙ 7 h
1 Pumpe ≙ 56 h
12 Pumpen ≙ 4,67 h
12 Pumpen brauchen 4 h 40 min. Das heißt, sie sind 2 h 20 min schneller.

15 | → Seite 27

28 Schüler ≙ 132 €
1 Schüler ≙ 3696 €
26 Schüler ≙ 142,15 €
Die Fahrt wird mit 142,15 € pro Schüler 10,15 € teurer als vorher.

16 | → Seite 27

5 Arbeiter ≙ 32,5 h
1 Arbeiter ≙ 162,5 h
8 Arbeiter ≙ 23,31 h
8 Arbeiter brauchen 23,31 h.
Restarbeit nach Hinzukommen des 6. Arbeiters:
5 Arbeiter ≙ 31,5 h
1 Arbeiter ≙ 157,5 h
6 Arbeiter ≙ 26,25 h
Insgesamt brauchen die Arbeiter 27,25 Stunden (27 Stunden 15 Minuten).

17 | → Seite 27

a | 3 Tage ≙ 36 kg Kartoffeln
1 Tag ≙ 12 kg Kartoffeln
7 Tage ≙ 84 kg Kartoffeln
Er muss für 7 Tage 84 kg Kartoffeln kaufen.

b | 30 Schüler ≙ 7 Tage
1 Schüler ≙ 210 Tage
25 Schüler ≙ 8,4 Tage
Die kleinere Gruppe kann nun 1,4 Tage länger bleiben.

18 | → Seite 27

a | 15 € ≙ 9 Tage
5 € ≙ 27 Tage
20 € ≙ 6,75 Tage
Nadja und Steffen können 6,75 Tage bleiben, wenn sie täglich 20 € ausgeben.

b | 9 Tage ≙ 15 €
1 Tag ≙ 135 €
12 Tage ≙ 11,25 €
Sie können jeden Tag 11,25 € ausgeben, wenn sie 12 Tage fahren wollen.

19 | → Seite 27

a | 10 Lkw ≙ 100 h
1 Lkw ≙ 1000 h
16 Lkw ≙ 62,5 h = 2 Tage 14,5 Stunden
16 Lkw brauchen 2 Tage und 14,5 Stunden.

b | Nach 4 Tagen ist nur noch für 4 Stunden Arbeit da.
10 Lkw ≙ 4 h
20 Lkw ≙ 2 h
Doppelt so viele Lkw brauchen nur die halbe Zeit – 20 Lkw brauchen noch 2 Stunden.

3. Prozent- und Zinsrechnung

PROZENTRECHNUNG

1 | → Seite 31
a | $\frac{3}{100}$; **b** | $\frac{11}{100}$; **c** | $\frac{9}{100}$; **d** | $\frac{0,1}{100} = \frac{1}{1000}$;
e | $\frac{150}{100} = \frac{15}{10}$; **f** | $\frac{87,5}{100} = \frac{875}{1000} = \frac{7}{8}$

2 | → Seite 31
a | 17 %; **b** | 95 %; **c** | 135 %; **d** | $\frac{15}{100}$ = 15 %;
e | 60 %; **f** | 24 %

3 | → Seite 31
a | $\frac{1}{4}$ = 0,25 = 25 %
b | $\frac{6}{16} = \frac{3}{8}$ = 0,375 = 37,5 %
c | $\frac{3}{4}$ = 0,75 = 75 %

4 | → Seite 31
a | 75 %; **b** | 62,5 %; **c** | 25 %

5 | → Seite 31
a | 750 Stück; **b** | 324 €; **c** | 60 g;
d | 960 Personen

6 | → Seite 31
a | 1800; **b** | 90; **c** | 36; **d** | 24; **e** | 22,5;
f | 15

7 | → Seite 31
a | 28,8 €; **b** | 7,6 g; **c** | 396 m; **d** | 1204 kg

8 | → Seite 32
a | 1800 €; **b** | 500 kg; **c** | 9000 g = 9 kg;
d | 400 m

9 | → Seite 32
a | 12,5 %; **b** | 1 %; **c** | 4,5 %; **d** | 5 %

10 | → Seite 32
a | Grundwert: 1240 (100 %)
b | Prozentsatz: 40 %
c | Prozentwert: 37,5 ct
d | Grundwert: 17 894,74 ct = 178,95 €

11 | → Seite 32
25 % von 12 € sind 3 €.
Anna gibt 3 € für Süßigkeiten aus.

12 | → Seite 32
88 % Tomaten, 5,7 % Essig, 5 % Zucker, 1,3 % Salz + Gewürze

13 | → Seite 32
712 € kostet der Beamer heute.

14 | → Seite 32
Familie Weiher hat 28,4 % Mieterhöhung, Familie Smith 12,5 % Erhöhung. Bei Weihers ist die prozentuale Erhöhung größer.

15 | → Seite 32
182 € brauchen sie für die Verpflegung, 98 € bleiben für Fahrtkosten und Ausflüge.

16 | → Seite 33
a | 72 % von 32 Schülern sind 23,04 Schüler; 25 % von 32 Schülern sind 8 Schüler. Also haben 23 Schüler Samira gewählt, 8 Schüler haben Lukas gewählt.
b | 31 Schüler haben einen der beiden gewählt; 1 Schüler keinen der beiden.
c | In der Klasse sind 18 Mädchen und daher 32 – 18 = 14 Jungen. Von Samiras 23 Stimmen sind 18 von Mädchen. Also haben 5 Jungen Samira gewählt. $\frac{5}{14}$ = 35,7 % der Jungen haben Samira gewählt.

17 | → Seite 33
a | 224 Schüler kommen mit dem Fahrrad, 671 nutzen den Bus.
b | Insgesamt sind 1231 Schüler an der Humboldt-Schule.

18 | → Seite 33
Von 990 Schülern treiben 257 (257,4) Sport, 371 (371,25) machen Hausaufgaben oder haben Nachhilfe, 122 (121,77) schlafen und chillen, 103 (102,9) essen und 77 (77,22) lesen.
(In Klammern stehen die exakten Rechenergebnisse; sinnvoll sind jedoch nur auf natürliche Zahlen gerundete Ergebnisse, da nur ganze Schüler infrage kommen.)

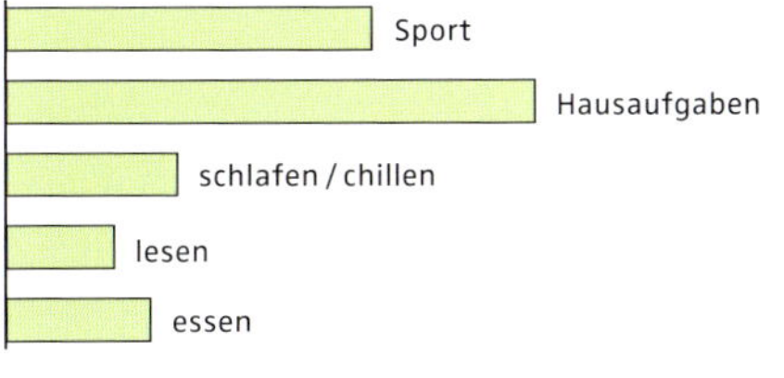

19 | → Seite 33
a | Nach der 2. Erhöhung kostet der Player heute 98,12 €. **b** | Das sind 9,12 € mehr als vorher und eine prozentuale Erhöhung von 10,25 %.

20 | → Seite 33
Abgaben insgesamt (Steuern und Sozialversicherung):
32 % + 24,55 % = 56,55 %
Nettolohn = Bruttolohn minus Abgaben:
100 % – 56,55 % = 43,45 %
Der Nettolohn beträgt 1846,63 €.

21 | → Seite 34
a | 12,5 % des Paketgewichts entfallen auf die Verpackung. **b** | Das Nettogewicht beträgt 87,5 % des Bruttogewichts.

22 | → Seite 34
350 m^3 in 2 Tagen entsprechen 175 m^3 pro Tag; 900 m^3 in 5 Tagen entsprechen 180 m^3 pro Tag. Die Gruppe benötigt 2,86 % mehr Wasser pro Tag.

23 | → Seite 34
Zum zweiten Konzert kamen 26 457 Besucher (exaktes Rechenergebnis: 26 475,5; es können aber nur ganze Besucher zum Konzert kommen).

24 | → Seite 34
a | Der Höhenunterschied beträgt 11,25 m.
b | Die prozentuale Steigung beträgt 14,3 %.

25 | → Seite 34
Die Versicherungsprämie beträgt 225 € pro Jahr.

26 | → Seite 34
Der Fahrer hatte 9 ml Alkohol im Blut.

ZINSRECHNUNG

27 | → Seite 37
a | 60 €; **b** | 131,40 €; **c** | 11,85 €;
d | 8,82 €

28 | → Seite 37
a | 6 %; **b** | 2 %; **c** | 2,1 %; **d** | 1,6 %

29 | → Seite 37
a | 68 000 €; **b** | 1200 €; **c** | 30 000 €;
d | 78 000 €

30 | → Seite 37
a | K = 8333,33 €; **b** | p % = 2 %;
c | Z = 20,25 €; **d** | K = 152 380,95 €;
e | K = 2600 €; **f** | p % = 1,6 %

31 | → Seite 37
a | 9 € Zinsen bekommt Victoria.
b | 1,55 % Zinsen bekommt Vincent.
c | Vincent bekommt 0,05 % Zinsen mehr.

32 | → Seite 37

$$Z = \frac{600\text{ €} \cdot 1{,}2 \cdot 2}{100 \cdot 12} = 1{,}20\text{ €}$$

600 € + 1,2 € = 601,20 €
Karolina hat nach 2 Monaten 601,20 €.

33 | → Seite 38
Angebot der Bank-für-alle:

$$Z = \frac{12\,000\text{ €} \cdot 10{,}75}{100} = 1290\text{ €}$$

1290 € + 30 € = 1320 €
Frau Lange müsste 1320 € an die Bank-für-alle für den Kredit zahlen. Das Angebot der Bank-für-alle ist daher 30 € günstiger als das Angebot der Spar-Bank.

34 | → Seite 38
a | Mit Lottes Vater wurde ein Zinssatz von 5,7 % vereinbart.
b | Jetzt ist der Zinssatz 6,2 %.

35 | → Seite 38

	a |	b |	c |	d |
K	600 €	1350 €	800 €	12 000 €
p %	4 %	2 %	3 %	3,5 %
Jahreszinsen	24 €	27 €	24 €	420 €
Zeit	7 Monate	3 Monate	42 Tage	53 Tage
Monats- bzw. Tageszinsen	14 €	6,75 €	2,80 €	61,83 €

36 | → Seite 38
1. Angebot („Schnelles Geld“): 1610 €
2. Angebot („Kredit und los“): 1900 €
Das erste Angebot ist günstiger.

37 | → Seite 39
a | Er bekommt pro Jahr 62,5 € Zinsen.
b | Nach 5 Jahren hat er 312,50 € Zinsen erhalten.

c |

JAHR	JAHRES-ANFANG	ZINSEN	JAHRES-ENDE
2013	2500 €	62,50 €	2562,50 €
2014	2562,50 €	64,06 €	2626,56 €
2015	2626,56 €	65,66 €	2692,23 €
2016	2692,23 €	67,31 €	2759,53 €
2017	2759,53 €	68,99 €	2828,52 €

Lars hat nach 5 Jahren 2828,52 €.
d | Im Vergleich zu Sebastian hat Lars 16,02 € mehr.

4. Lineare Gleichungen und Gleichungssysteme

GLEICHUNGEN AUFSTELLEN UND LÖSEN

1 | → Seite 43
a | | –5; **b** | | : 8; **c** | | –6x; | : 2; **d** | | –x; | : 2;
e | | : $\frac{1}{2}$ oder | · 2; **f** | | · (–1) oder | : (–1)

2 | → Seite 43
a | x = 5; **b** | x = 11; **c** | x = 7; **d** | x = 3;
e | x = 1; **f** | 90 = 60 falsche Aussage → keine Lösung; **g** | x = 3; **h** | x = 12

3 | → Seite 43
a | 5x = 100 → x = 20
b | x + 37 = 42 → x = 5
c | 250 – x = 73 → x = 177
d | 1. Zahl = x; 2. Zahl = x + 1
x + x + 1 = 67 → x = 33
Die beiden aufeinanderfolgenden Zahlen sind 33 und 34.

4 | → Seite 44
a | 7x + 5 = 40
7x = 35
Hier muss er teilen:
7x = 35 | : 7
→ x = 5
b | 9x – 5 – 5x = 19
9x – 5 = 19 + 5x
Hier muss er 5x subtrahieren und 5 addieren:
9x – 5 = 19 + 5x | – 5x | + 5
4x = 24
x = 6
c | 3(x + 3) + 4 = 2x + 9
3x + 9 + 4 = 2x + 9
3x + 4 = 2x
Er muss die 4 subtrahieren und die 2x ebenfalls subtrahieren:
3x + 4 = 2x | – 4 | – 2x
x = –4
d | Diese Aufgabe hat zero richtig gelöst.

5 | → Seite 44
a | 3x + 7 = 13 → x = 2
b | x + 9 = 255 → x = 246
c | x – 199 + 313 = 2x → x = 114
d | 6x – 11 = 8x – 3x → x = 11

6 | → Seite 44
a | (2) ist richtig. **b** | Sophie ist heute 8 Jahre alt, ihr Vater 40 Jahre.

7 | → Seite 44
Jimmi ist 39 Jahre alt; Meike ist 48 Jahre alt.

8 | → Seite 45
a | 3x = 930 cm, x = 310 cm
Eine Seite ist 310 cm lang.
b | 12x = 204 cm, x = 17 cm
Eine Kante ist 17 cm lang.

9 | → Seite 45
a | L = { }; **b** | x ≈ 1,36; **c** | x = –5; **d** | x = –7

10 | → Seite 45
KrizZy hat richtig gerechnet, aber umständlich. Er sollte immer erst zusammenfassen, dann spart er viele Schritte.

11 | → Seite 45
Gleichsetzen der beiden Angebote ergibt die Minutenzahl telefonieren, bei der beide gleich viel kosten:
19,90 € + 0,17 € · x = 39,80 €
x = 117,06 Minuten
Ab 118 Minuten telefonieren ist Super-Mobile günstiger.

12 | → Seite 45
a | Für 126,5 km braucht sie 11,5 h.
b | 55 km ist sie nach 5 Stunden gefahren.
c | 60 min $\hat{=}$ 11 km
45 min $\hat{=}$ 8,25 km = 8 km 250m
Frau Meise ist nach 45 Minuten 8 km und 250 m gefahren.

13 | → Seite 45

$0{,}7\ \frac{g}{cm^3} = \frac{Masse}{20\ cm^3}$ → Masse = 14 g

Das Buchenholzstück ist 14 g schwer.

14 | → Seite 46

a | $y = -\frac{1}{2}x + 3$;

b |

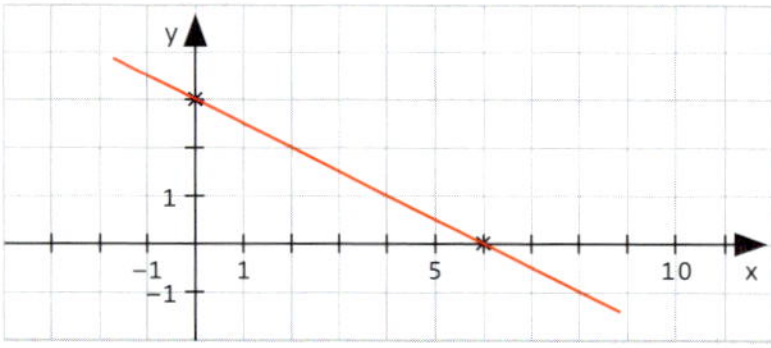

c | y = 2; **d** | x = 2

15 | → Seite 44

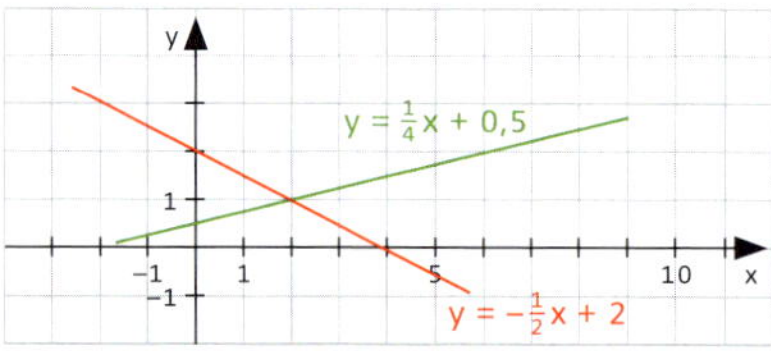

Um den Schnittpunkt zu berechnen, musst du die Gleichungen der beiden Geraden gleichsetzen und x (die x-Koordinate) berechnen. Die y-Koordinate erhältst du durch Einsetzen.

$y_1 = y_2$:

$-\frac{1}{2}x + 2 = \frac{1}{4}x + 0{,}5$

$-\frac{3}{4}x = -1{,}5$

$x = 2$

x einsetzen in y_1:

$y_1 = -\frac{1}{2} \cdot 2 + 2 = 1$

Schnittpunkt P(2|1)

UNGLEICHUNGEN

16 | → Seite 49

a |

b |

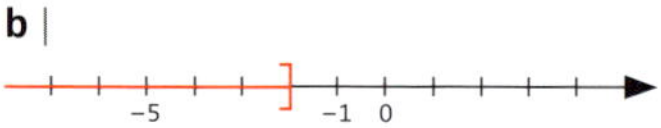

c |

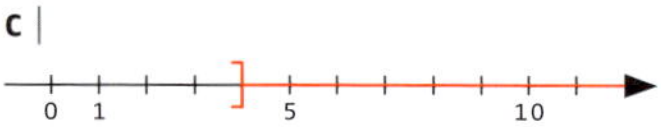

d |

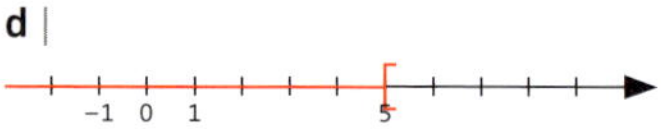

17 | → Seite 49

a | $5 + x > 7 \mid -5$
$x > 2$

b | $3x - 4 < 17 \mid +4$
$3x < 21 \mid :3$
$x < 7$

c | $12x + 24 > 16x \mid -12x$
$24 > 4x \mid :4$
$x < 6$

d | $3x < x + 18 \mid -x$
$2x < 18 \mid :2$
$x < 9$

e | $-\frac{1}{2}x < 14 \mid :\left(-\frac{1}{2}\right)$ oder $\mid \cdot (-2)$
$x > -28$

f | $-x < 16 \mid \cdot (-1)$ oder $\mid : (-1)$
$x > -16$

18 | → Seite 49

	a)	b)	c)	d)
−3	nein	ja	ja	ja
−2,5	nein	ja	ja	ja
$-1\frac{1}{4}$	nein	ja	ja	ja
0	nein	nein	ja	ja
$\frac{1}{3}$	nein	nein	ja	ja
4	nein	nein	ja	ja
6	nein	nein	ja	nein

19 | → Seite 50

a | x > 2

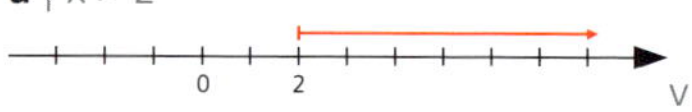

b | x > −1

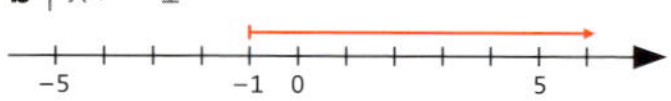

c | x < 9

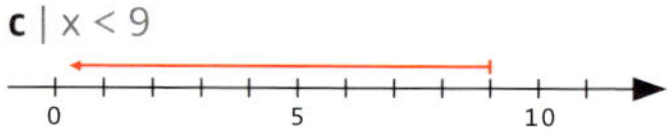

d | x < −1

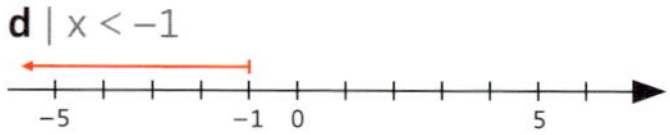

20 | → Seite 50

a | L = {x | x < 4,5}; **b** | L = {x | x > 3};
c | L = {x | x < 4}; **d** | L = {x | x < 0};
e | L = {x | x > 4}; **f** | L = {x | x > 4};
g | L = {x | x > 3}; **h** | L = {x | x < 6};
i | L = {x | x < 3}; **j** | L = {x | x < 11};
k | L = {z | z < 1}; **l** | L = {y | y > $\frac{3}{5}$ = 0,6};
m | L = {x | x < 2}; **n** | L = {x | x >3};
o | L = {x | x > −3}; **p** | L = {x | x > 73}

21 | → Seite 50

a | $3x - 7 < 11 \quad | +7$

$3x - 7 + 7 < 11 + 7$

$3x < 18 \quad | :3$

$x < 6$

$L = \{x \mid x < 6\}$

b | $5x + 3(5 - 2x) > 12$

$5x + 15 - 6x > 12$

$-x + 15 > 12 \quad | -15$

$-x > -3 \quad | : (-1)$ (Klammer setzen)

$x < 3$

$L = \{x \mid x < 3\}$

22 | → Seite 50

a | $L = \{x \mid x < 10\}$; **b** | $L = \left\{x \mid x < \frac{1}{4}\right\}$;

c | $L = \left\{z \mid z < 9{,}6 = 9\frac{3}{5}\right\}$;

d | $L = \left\{y \mid y < 4\frac{2}{17} = 4{,}12\right\}$

23 | → Seite 50

a | Nein, richtig ist: $L = \{x \mid x > 20\}$.

b | Ja, Lösungsmenge ist korrekt.

c | Nein, richtig ist: $L = \{x \mid x > 3\}$.

d | Ja, Lösungsmenge ist korrekt.

TEXTAUFGABEN

24 | → Seite 53

b | Wie alt ist jeder der beiden?

c | Gegeben: Thomas ist 4 Jahre älter als Wiebke, zusammen sind beide 100 Jahre alt.

d | Gesucht: Alter von Thomas; Alter von Wiebke

e | Alter von Thomas: x

f | Wiebkes Alter: $x - 4$; Gesamtalter: $x - 4 + x$

g | $x - 4 + x = 100$

h | $x = 52$

i | Einsetzen von x und y in die Gleichungen: $52 - 4 + 52 = 100$

j | Thomas ist 52 Jahre alt, Wiebke ist 48 Jahre alt.

25 | → Seite 54

$13\,000 - [(890 - 453) \cdot 27 + 251]$
$= 950$

Es fehlen bis zu 13 000 noch 950.

26 | → Seite 54

$(563 - 175) : 4 = 97$

27 | → Seite 54

$2(1063 - 175) = 1776$

28 | → Seite 54

Durchmesser des Mars':
$12\,756 \text{ km} - 5984 \text{ km} = 6772 \text{ km}$
Durchmesser des Mondes:
$12\,756 \text{ km} \cdot \frac{2}{3} = 8504 \text{ km}$
$12\,756 \text{ km} - 8504 \text{ km} = 4252 \text{ km}$
Der Durchmesser des Mars' beträgt 6772 km, der des Mondes 4252 km.
(Tatsächlicher Monddurchmesser: 3476 km)

29 | → Seite 54

a | Anton und Philipp haben nach dem Tausch jeweils 88 Bilder.

b | Zusammen haben sie 176 Bilder.

30 | → Seite 54

a | Der Mensch schläft durchschnittlich 2920 Stunden im Jahr.

b | Bis zum 50. Geburtstag schläft ein Mensch 146 000 Stunden.

31 | → Seite 54

351 : 13 = 27; die Klasse hat 27 Schüler.

32 | → Seite 54

25 : 5 = 5; durchschnittlich müssen 5 Fotos auf jede Seite.
$5 \cdot 1{,}25\ € + 2{,}5\ € = 8{,}75\ €$
Das Fotoalbum kostet 8,75 €.

33 | → Seite 55

a | $2376 + 1745 + 2119 = 6240$
Der Zoo hatte heute 6240 Besucher.

b | $2376 \cdot 3\ € + 1745 \cdot 4{,}50\ € + 2119 \cdot 8\ €$
$= 31\,932{,}50\ €$.
Die Einnahmen betrugen 31 932,50 €.

34 | → Seite 55

$15\,000 \text{ m} : 200 \text{ m} = 75$
Man muss 75 Runden in dem Stadion laufen, um 15 km zu schaffen.

35 | → Seite 55

$2 \cdot 4{,}80 \text{ m} + 2 \cdot 3{,}80 \text{ m} - 0{,}80 \text{ m} = 16{,}40 \text{ m}$
Die Fußleiste muss 16,40 m lang sein.

36 | → Seite 55

4,5 kg pro Tag und pro Pony;
$67{,}5 \text{ kg} \mathrel{\hat{=}} 1 \text{ Tag}$
$3000 \text{ kg} \mathrel{\hat{=}} 44{,}44 \text{ Tage}$
Für die 15 Ponys reicht das Futter noch 44 Tage.

37 | → Seite 55
Umfang $u = 2 \cdot (29{,}7\text{ cm} + 21\text{ cm}) = 101{,}4\text{ cm}$
Fläche $A = 29{,}7\text{ cm} \cdot 21\text{ cm} = 623{,}7\text{ cm}^2$

38 | → Seite 55
Oberfläche des Würfels:
$A_O = 6 \cdot (8{,}7\text{ cm})^2 = 454{,}14\text{ cm}^2$
Volumen des Würfels:
$V = (8{,}7\text{ cm})^3 = 658{,}503\text{ cm}^3$

39 | → Seite 55
$12 \cdot 0{,}7$ € = 8,40 €; die Äpfel kosten 8,40 €.

LINEARE GLEICHUNGSSYSTEME

40 | → Seite 60
a | $L = \{(4; 1)\}$; **b** | $L = \{(1; 2)\}$;
c | $L = \{(3; 4)\}$; **d** | $L = \{(12; 8)\}$

41 | → Seite 60
a | $L = \{(-3; -16)\}$; **b** | $L = \{(-6; -1)\}$;
c | $L = \{(2; 5)\}$; **d** | $L = \{(12; 17)\}$

42 | → Seite 60
a | $L = \{(1; 2)\}$; **b** | $L = \{(2{,}6; 2{,}4)\}$;
c | $L = \{(11; 10)\}$; **d** | $L = \{(0; 0{,}5)\}$

43 | → Seite 60
a | $L = \{(2; 6)\}$; **b** | $L = \left\{\left(\frac{17}{15}; \frac{2}{3}\right)\right\}$;
c | $L = \{(3; 2)\}$; **d** | $L = \{(0{,}5; -1{,}3)\}$

44 | → Seite 60
(I) $x + y = 102$
(II) $x - y = 72$
$L = \{(87; 15)\}$

45 | → Seite 60
(I) $\frac{1}{2}x + 2y = 48$
(II) $5x + y = 328$
$L = \{(64; 8)\}$

46 | → Seite 61
(I) $15x + 7y = 14{,}37$
(II) $7x + 15y = 25{,}01$
$L = \{(0{,}23; 1{,}56)\}$
Yasmin hat für den Joghurt 0,23 € pro Stück und für ein Brot je 1,56 € bezahlt.

47 | → Seite 61
x = Anzahl Hunde; y = Anzahl Hühner
(I) $x + y = 20$
(II) $4x + 2y = 54$
$L = \{(7; 13)\}$
Sie haben 7 Hunde und 13 Hühner.

48 | → Seite 61
(I) $2a + 2b = 2{,}4$
(II) $a \cdot b = 0{,}32$
$L = \{(0{,}8; 0{,}4)\}$
Die Seitenlängen betragen 0,8 m und 0,4 m.

49 | → Seite 61
(I) $x + y = 60$
(II) $x - y = 4$
$L = \{(32; 28)\}$
Die Strecken sind 32 cm und 28 cm lang.

50 | → Seite 61
(I) $2a + 2b = 80$
(II) $a + 8 = b$
$L = \{(16; 24)\}$
Die Strecken sind 16 cm und 24 cm lang.

51 | → Seite 61
Anzahl Söhne = x; Anzahl Töchter = y
Jeder Sohn hat also y Schwestern und x – 1 Brüder.
(I) $x - 1 = y$
(II) $x = 2y$
$x = 2; y = 1$
Die Familie hat 2 Söhne und 1 Tochter.

52 | → Seite 61
(I) $3x + 7y = 4{,}67$
(II) $5x + 2y = 5{,}27$
$L = \{(0{,}95; 0{,}26)\}$
Sie hat für einen Joghurt 0,26 € und für einen Liter Milch 0,95 € bezahlt.

53 | → Seite 62
a | $L = \{(1; 2)\}$; **b** | $L = \{\ \}$; **c** | $L = \{(0; 1)\}$;
d | $L = \{\ \}$

54 | → Seite 62
a | $L = \{\ \}$; **b** | $L = \{(-2; 3)\}$
Probe zu **b** |
(I) $2 \cdot (-2) - 3 \cdot 3 = -13; -4 - 9 = -13$ ✓
(II) $5 \cdot (-2) + 4 = -2 \cdot 3; -10 + 4 = -6$ ✓

55 | → Seite 62
Deine Lösung könnte so aussehen:
unendlich viele Lösungen:
(I) $3x + 4y = 5$
(II) $-6x - 8y = -10$
keine Lösung:
(I) $3x + 4y = 5$
(II) $-6x - 8y = 8$

eine Lösung:
(I) $3x + 4y = 7$
(II) $-6x + 8y = 2$
$L = \{(1; 1)\}$

56 | → Seite 62
Es wurde nicht richtig gleichgesetzt. Beim Gleichsetzungsverfahren muss so eingesetzt werden, dass eine Variable wegfällt, sodass die andere berechnet werden kann.

57 | → Seite 62
(I) multipliziert mit (−5):
(I) $-5x - 20y = -30$
(II) $5x + ay = b$
Gleichungen addieren:
$(-20 + a)y = -30 + b$
Für $a = 20$ und $b = 30$ gibt es unendlich viele Lösungen;
für $a = 20$ und $b \neq 30$ gibt es keine Lösung;
für $a \neq 20$ und b beliebig gibt es eine Lösung.

58 | → Seite 63
a | $L = \mathbb{Q}$ (unendlich viele Lösungen);
b | $L = \{\ \}$ (keine Lösung); **c** | $L = \{(1; 2)\}$;
d | $L = \{(3; -1)\}$

a |

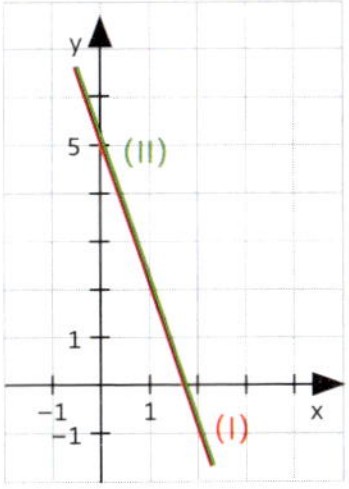

b |

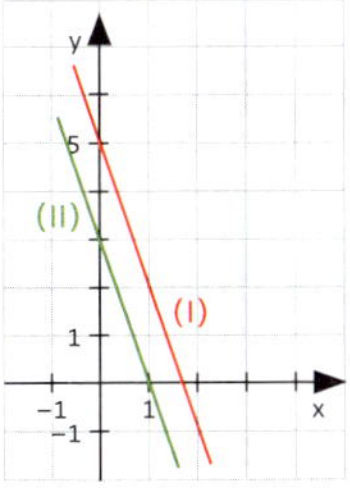

c |

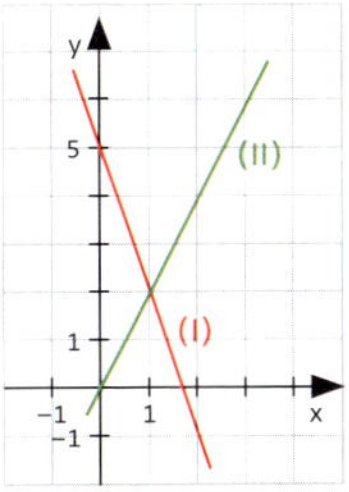

d |

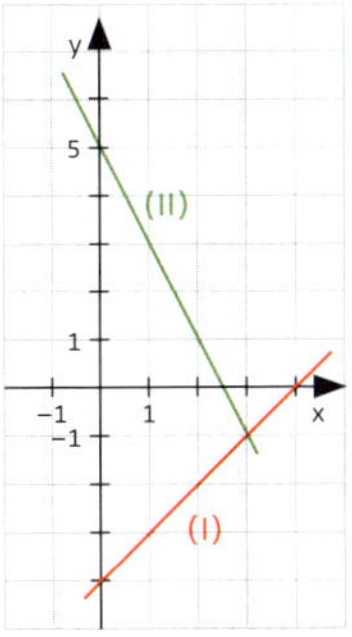

59 | → Seite 63
(I) $y = 3x + 2$
(II) $y = -x - 6$
$L = \{(-2; -4)\}$

60 | → Seite 64

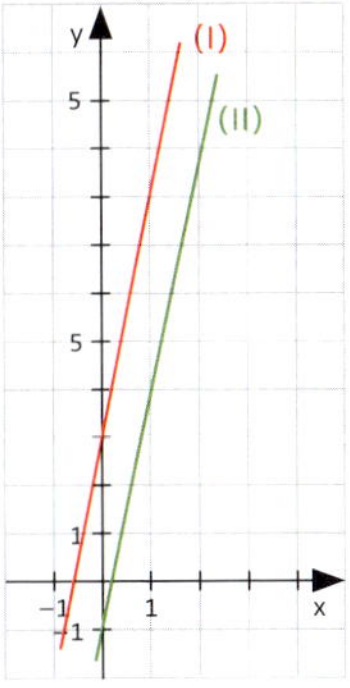

Die Geraden sind parallel und haben deshalb keinen Schnittpunkt.
Gleichsetzen liefert:
$5x - 1 = 5x + 3$
$-1 = 3$ falsche Aussage → $L = \{\ \}$

61 | → Seite 64
(I) $3(x + y) = 3$
(II) $2(x - y) = 2$
$L = \{(1; 0)\}$
Die eine Zahl ist 1, die andere 0.

62 | → Seite 64
a | $ax + 1 = ax - 2$
$1 = -2$; $L = \{\ \}$
b | $2(c - y) = 4y + 2c$
$-2y = 4y$
$y = 0$; $x = c$; $L = \{(c; 0)\}$
c | $by = 5 - by + 8$
$y = \frac{13}{2b}$ für $b \neq 0$;
für $b = 0 \rightarrow L = \{\ \}$;
$x = -\frac{1,5}{a}$ für $a \neq 0$;
für $a = 0 \rightarrow L = \{\ \}$
für $a \neq 0$ und $b \neq 0$: $L = \left\{\left(-\frac{1,5}{a}; \frac{13}{2b}\right)\right\}$;
für $a = 0$ oder $b = 0$: $L = \{\ \}$
d | $y = 0$; $x = \frac{c}{a}$ für $a \neq 0$
für $a = 0$: $L = \{\ \}$;
für $a \neq 0$: $L = \left\{\left(0; \frac{c}{a}\right)\right\}$

63 | → Seite 64
a | $L = \{(2; 2)\}$; **b** | $L = \{(-25; -35,5)\}$

64 | → Seite 64

a | $L = \{(3; 5; 7)\}$; **b** | $L = \left\{\left(1\frac{7}{27}; 5\frac{7}{9}; -\frac{26}{27}\right)\right\}$

65 | → Seite 64

a | $L = \{(2; 1)\}$; **b** | $L = \{(1; 3)\}$

5. Grundkonstruktionen

KONSTRUKTIONEN MIT ZIRKEL UND LINEAL

1 | → Seite 68

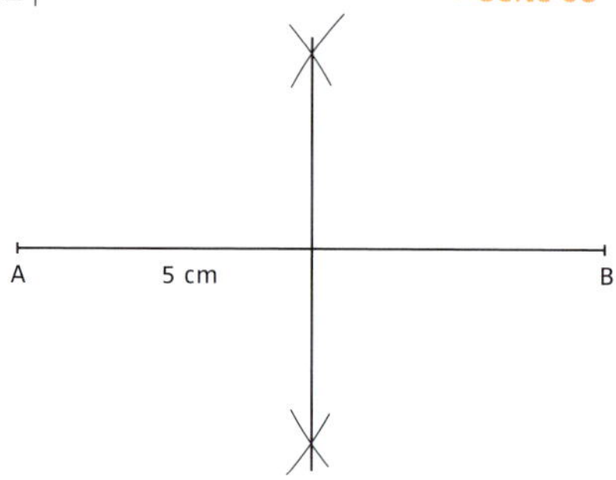

2 | → Seite 68

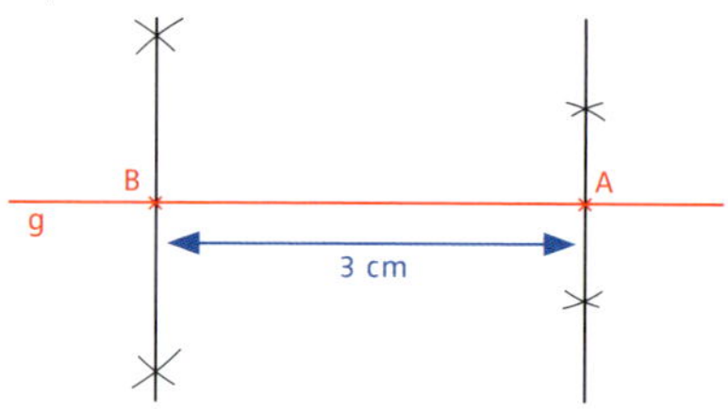

3 | → Seite 68

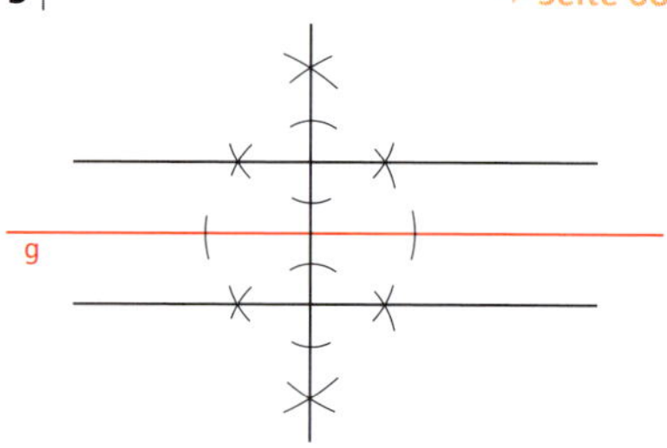

4 | → Seite 68

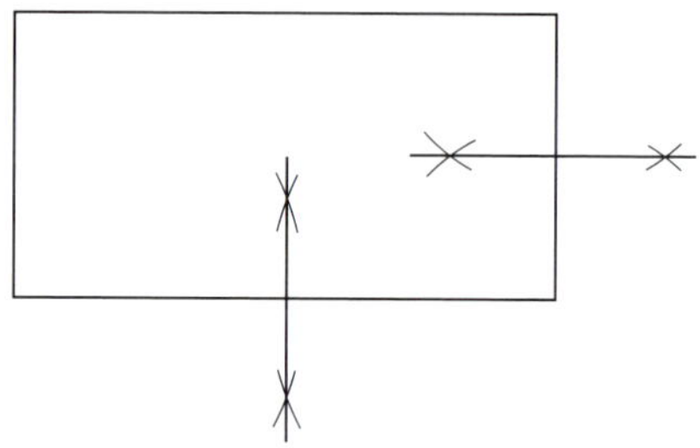

5 | → Seite 68

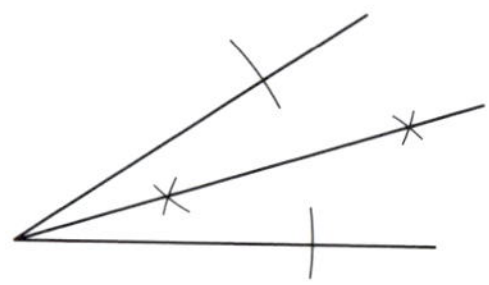

6 | → Seite 68

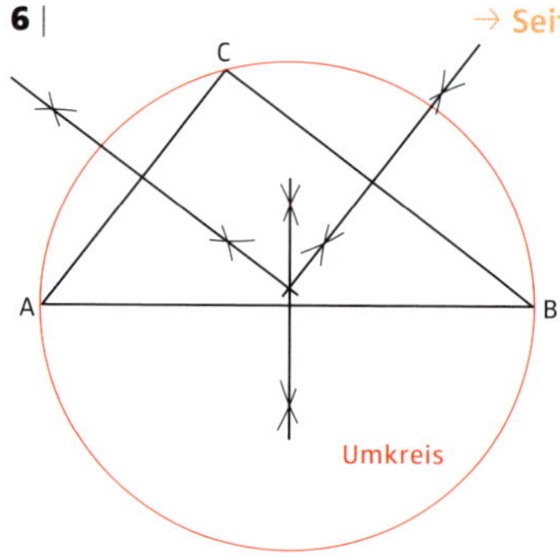

7 | → Seite 68

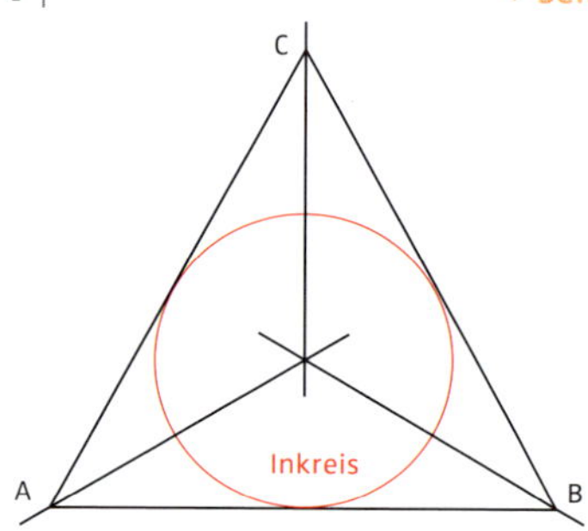

8 | → Seite 68

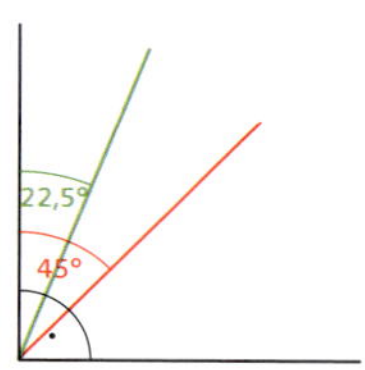

Halbiere den rechten Winkel zweimal.

9 | → Seite 68

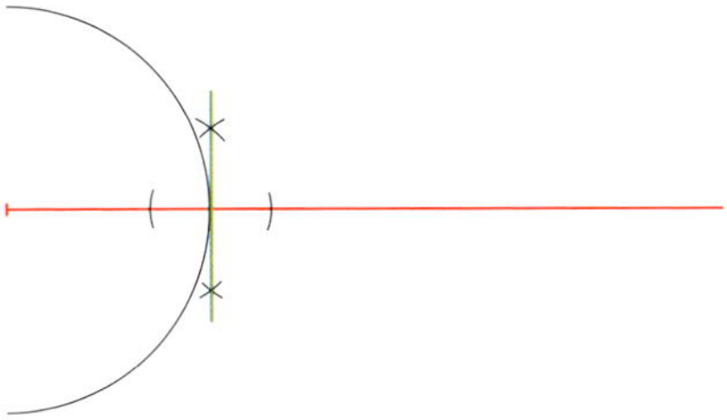

10 | → Seite 69

a |

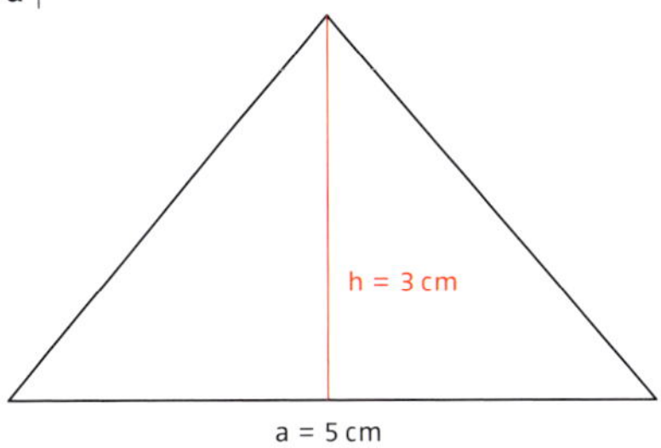

b |

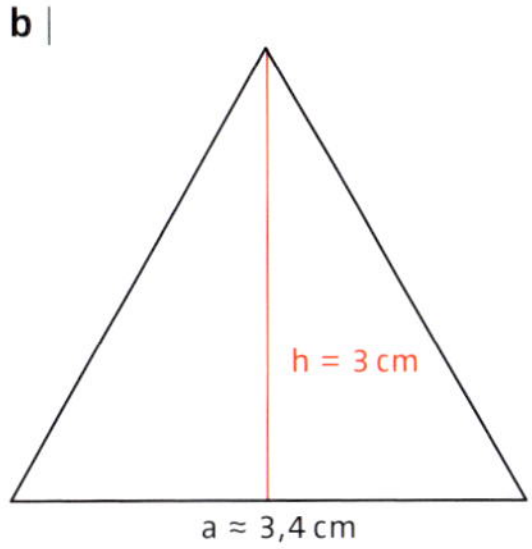

11 | → Seite 69

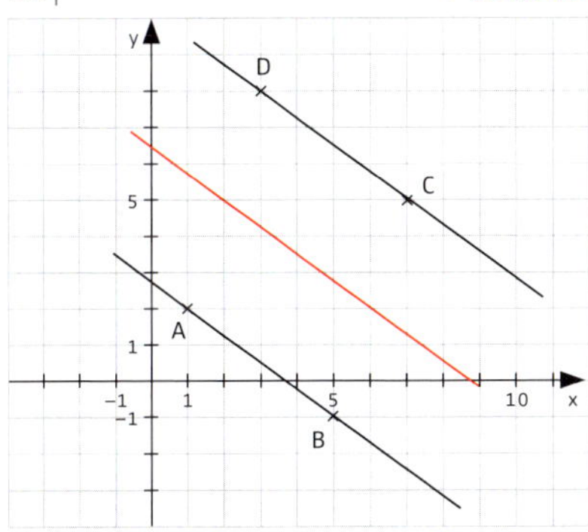

Die Punkte, die zu A und B bzw. zu C und D denselben Abstand haben, liegen auf der roten Geraden.

12 | → Seite 69

a | und **b** |

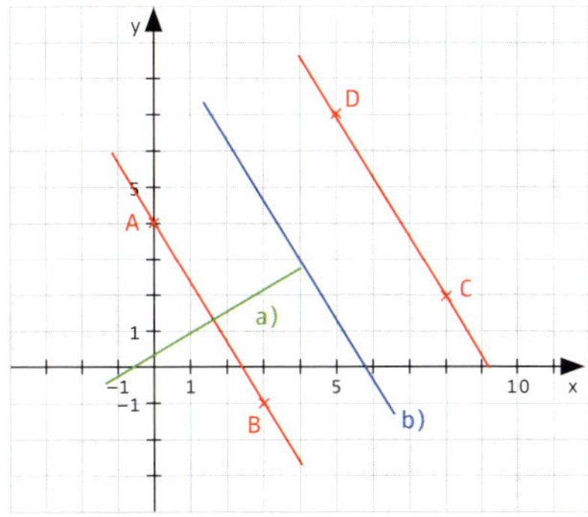

13 | → Seite 69

a |

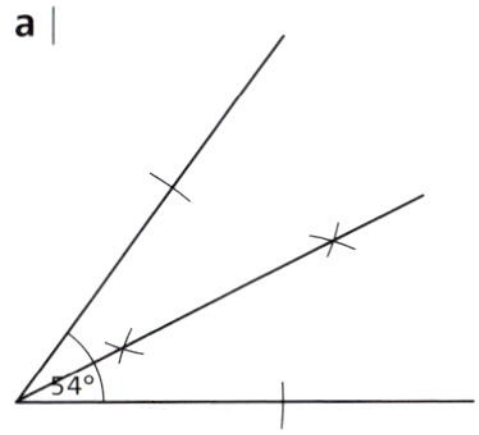

b |

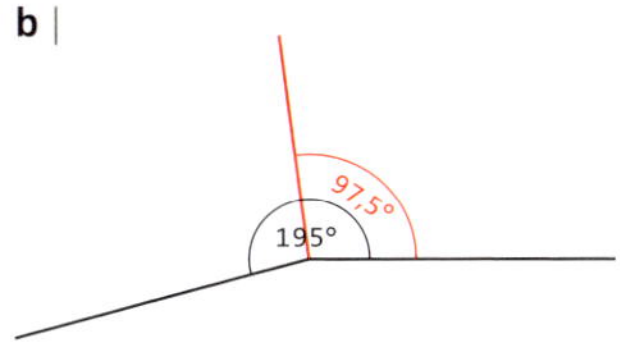

14 | → Seite 69

Die Punkte auf der Winkelhalbierenden haben zu beiden Schenkeln den gleichen Abstand.

15 | → Seite 69

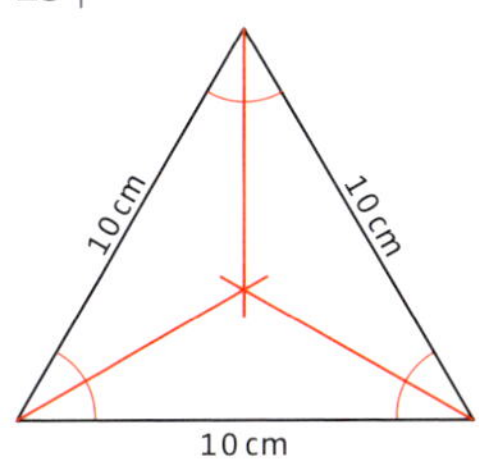

KONGRUENZABBILDUNGEN

16 | → Seite 72

Kongruent sind: 1 und 7; 2 und 6; 3 und 8; 4 und 5

17 | → Seite 72

Immer zwei gegenüberliegende Seitenflächen sind deckungsgleich.

18 | → Seite 72

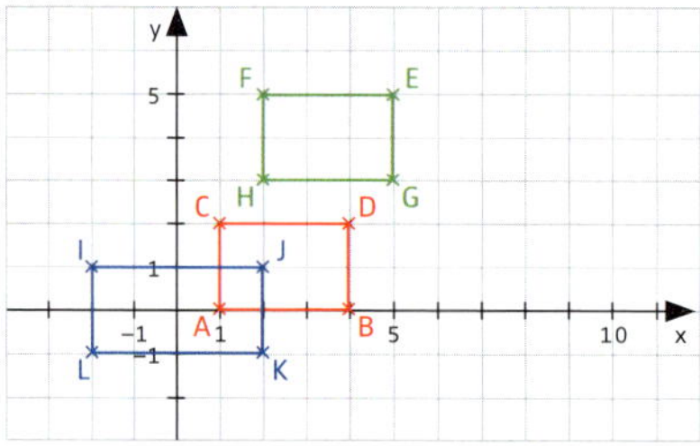

Die Vierecke (1) ABCD und (2) EFGH sind kongruent, da alle Seiten gleich lang sind.

19 | → Seite 72

a | Nein; **b** | Ja; **c** | Nein

20 | → Seite 72

Deine Lösung könnte so aussehen:

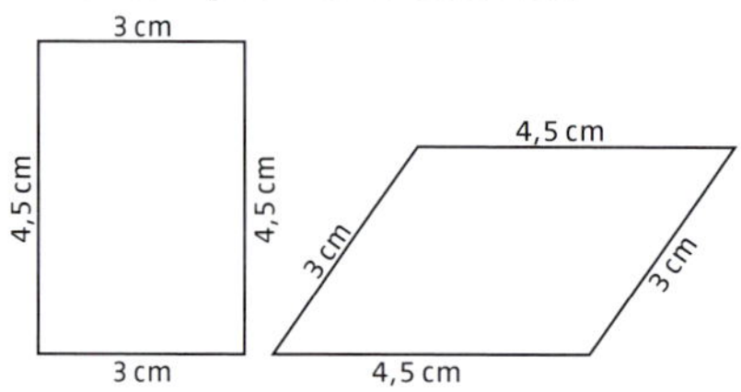

Die Vierecke sind nicht kongruent.

21 | → Seite 73

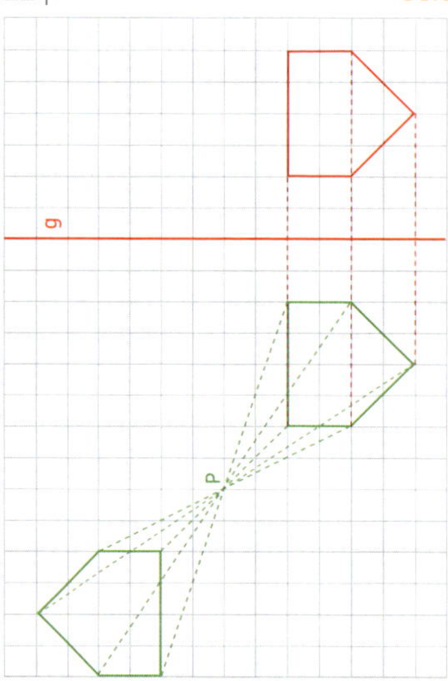

22 | → Seite 74

a |

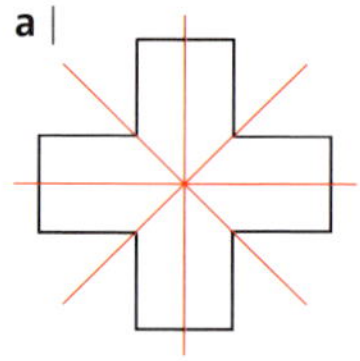

b |

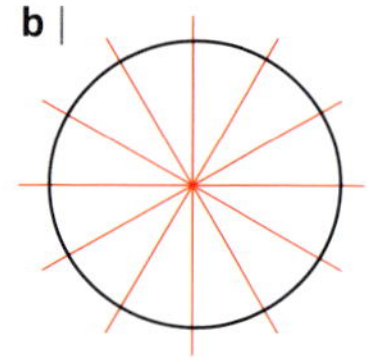

c |

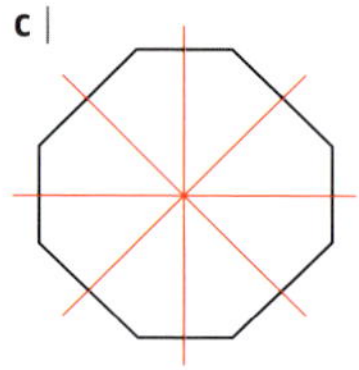

Ein Kreis hat unendlich viele Symmetrieachsen.

23 | → Seite 74

a | Ja; **b** | Nein; **c** | Ja

6. Kongruenz von Dreiecken

KONGRUENZSÄTZE

1 | → Seite 78

a |

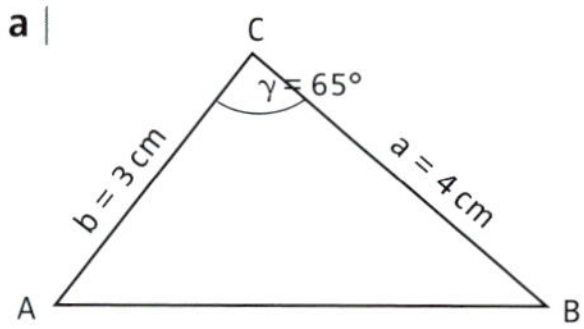

b |

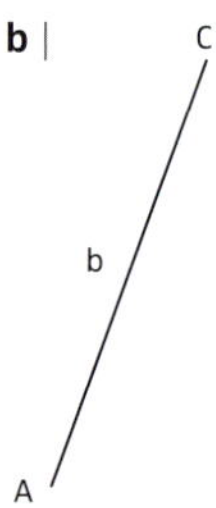

c |

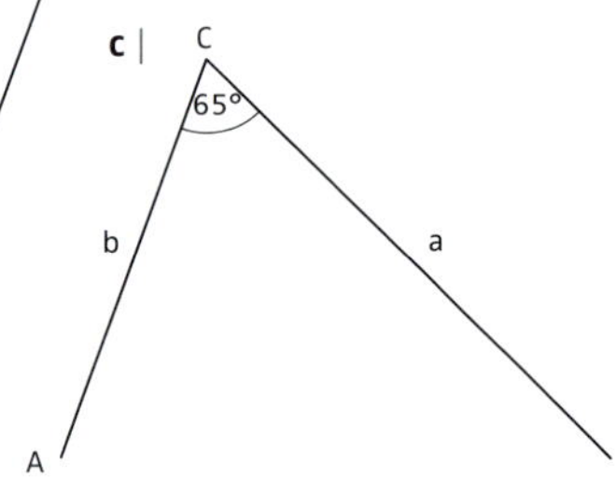

d |

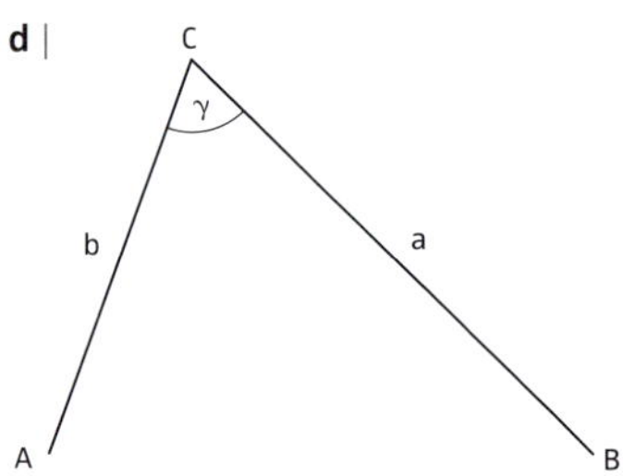

e |

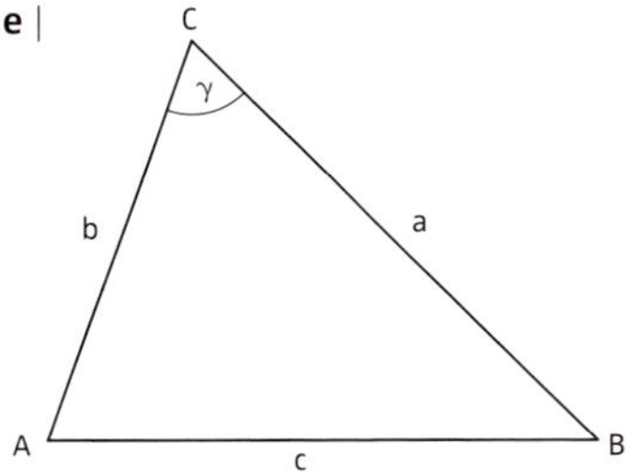

f | SWS

2 | → Seite 78

a |

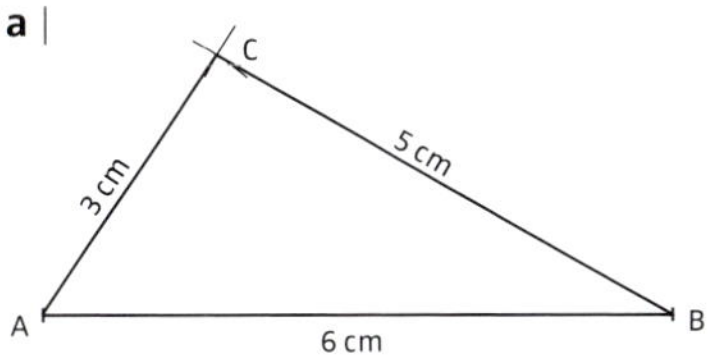

b |

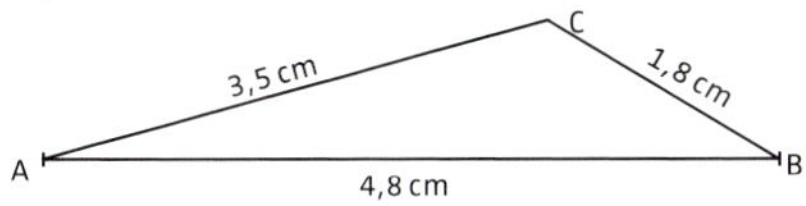

c |

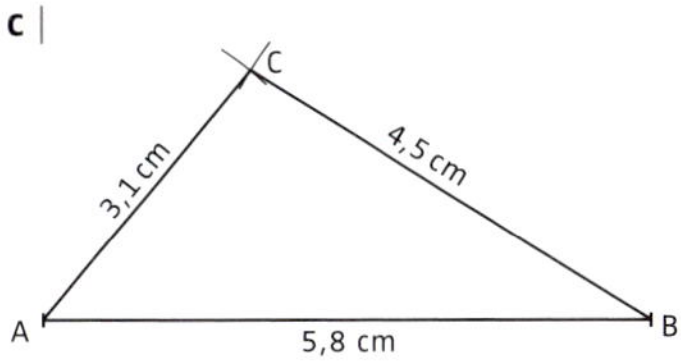

d |

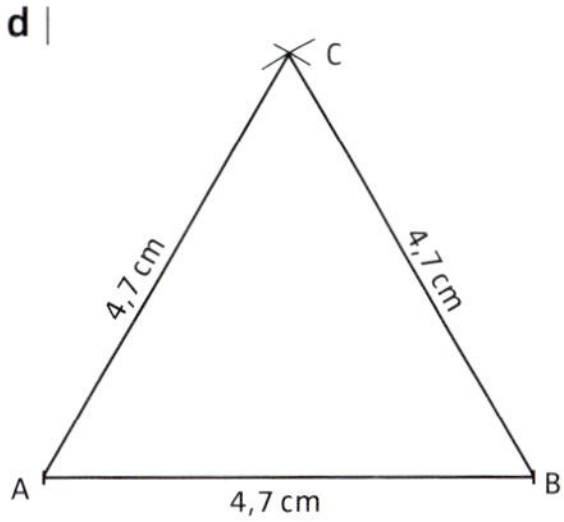

3 | → Seite 79

b | Das Dreieck ist nicht konstruierbar.

a |

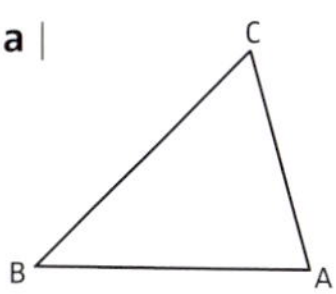

c |

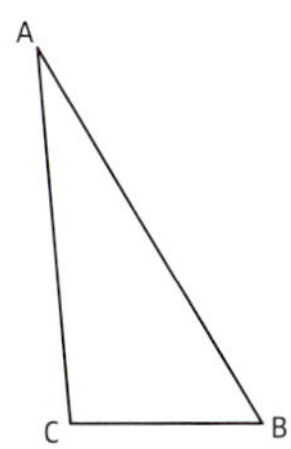

d |

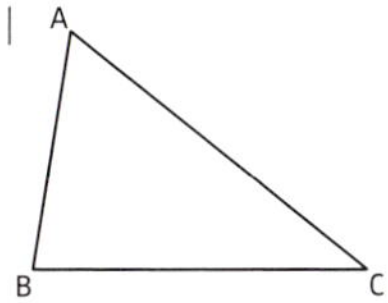

e |

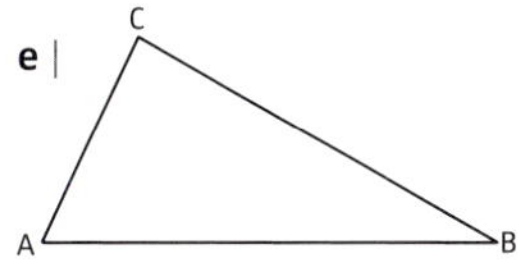

f |

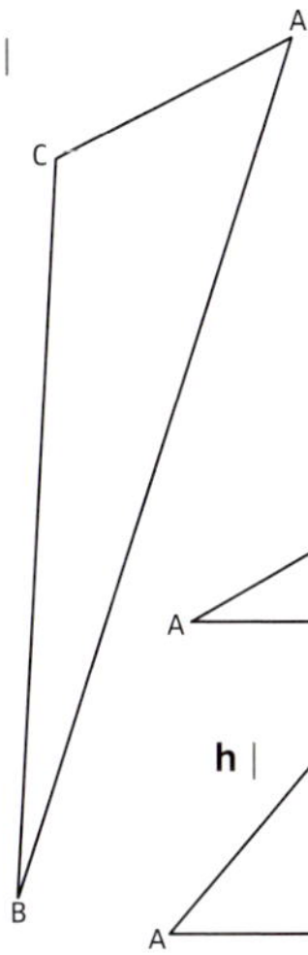

g |

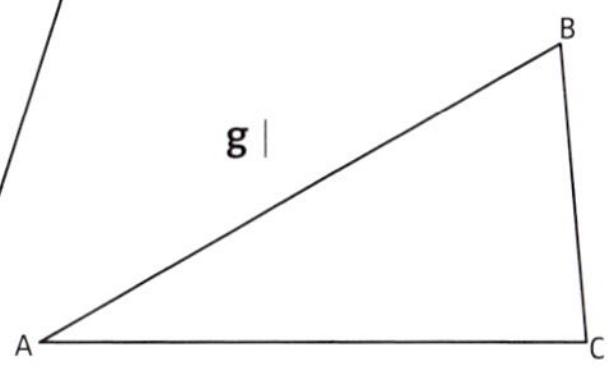

h |

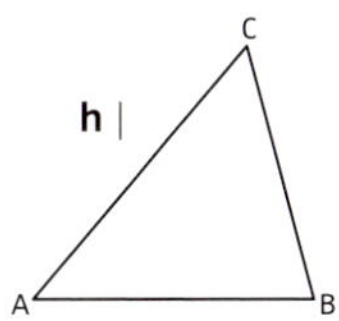

4 | → Seite 79

a |

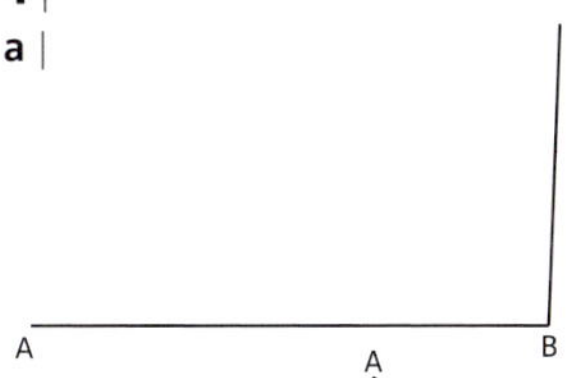

b |

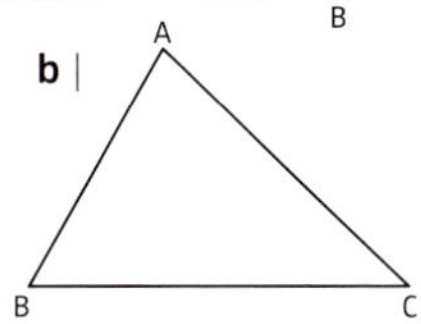

c |

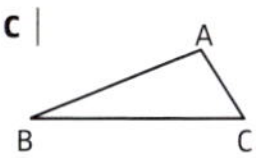

d |

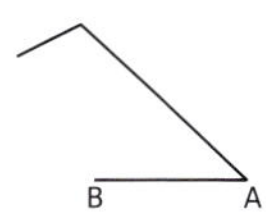

a | Das Dreieck ist nicht konstruierbar.

d | Das Dreieck ist nicht konstruierbar.

5 | → Seite 79

a | 1. Strecke a = 4 cm zeichnen; 2. bei C den Winkel $\gamma = 22°$ antragen; 3. bei B den Winkel $\beta = 180° - 22° - 100° = 58°$ antragen; 4. Schnittpunkt der beiden Schenkel ist Punkt A.

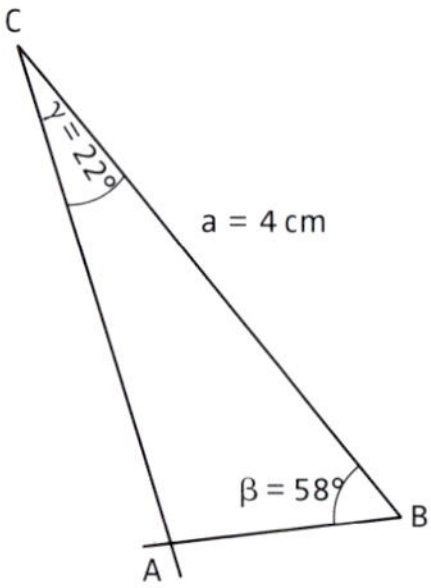

b | 1. Strecke a = 5,5 cm zeichnen; 2. bei B den Winkel $\beta = 66°$ antragen; 3. um C einen Kreis mit dem Radius 6,8 cm ziehen; 4. Schnittpunkt der Kreislinie mit dem Schenkel von β ist Punkt A.

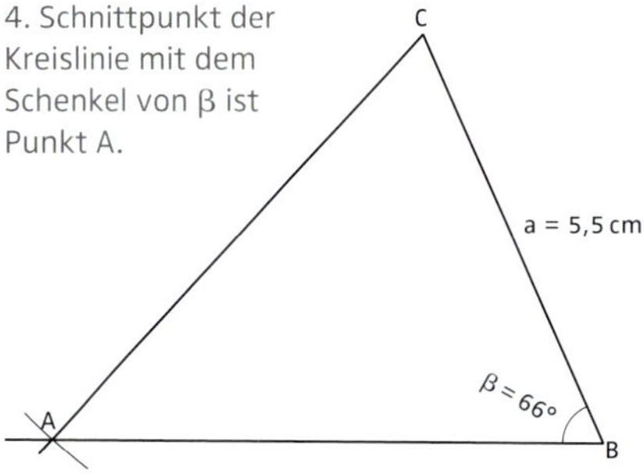

6 | → Seite 79

a |

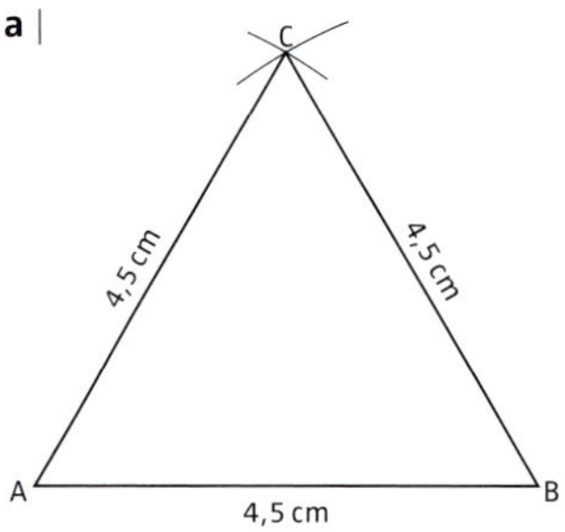

b |

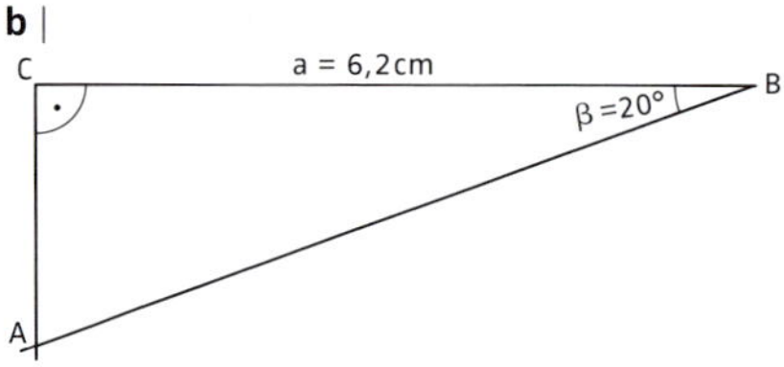

7 | → Seite 79

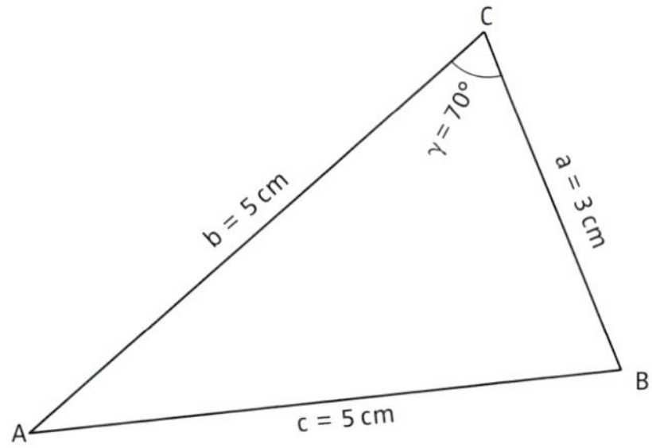

Die zweite Lösung ergibt das gespiegelte Dreieck.

8 | → Seite 79

Bei gleichseitigen Dreiecken genügt eine Seitenangabe zur Konstruktion.

9 | → Seite 80

a | Zwei Möglichkeiten: rechter Winkel bei B oder rechter Winkel bei A.

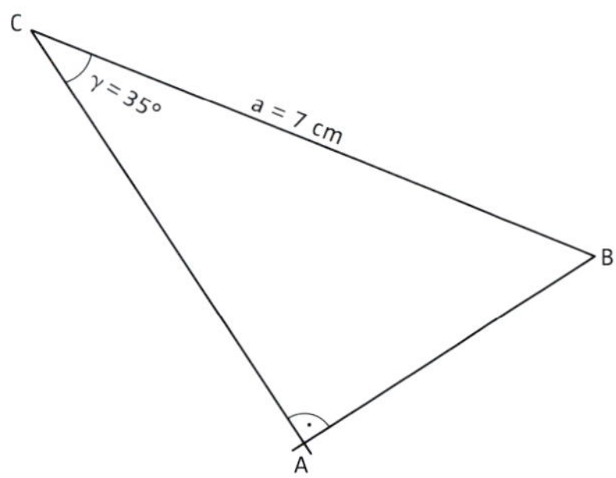

b | Ja, das ist möglich. Ein gleichwinkliges Dreieck ist auch ein gleichseitiges Dreieck, sodass mit einer Seitenlänge das Dreieck konstruierbar ist.

10 | → Seite 80

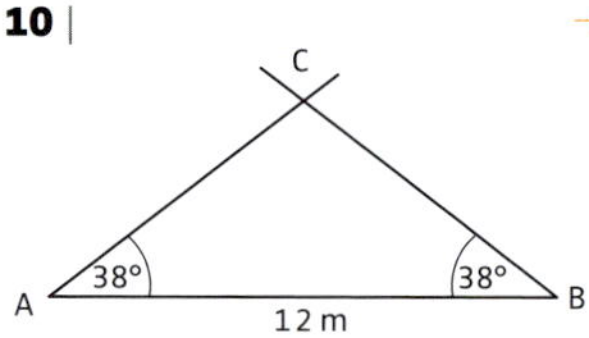

11 | → Seite 80

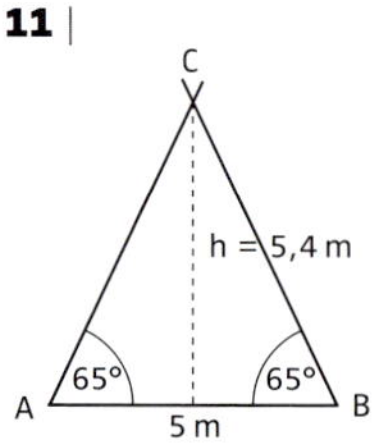

Das Zelt ist 5,40 m hoch.

12 | → Seite 80

a | n (nein); **b** | n; **c** | j (ja); **d** | n; **e** | n; **f** | j

13 | → Seite 80

a | Ja, es gilt der Kongruenzsatz sww.
b | Nein, es ist nicht klar, welche Höhe gemeint ist. **c** | Nein, die Verteilung der Winkel ist unklar.

THALESKREIS

14 | → Seite 83

a |

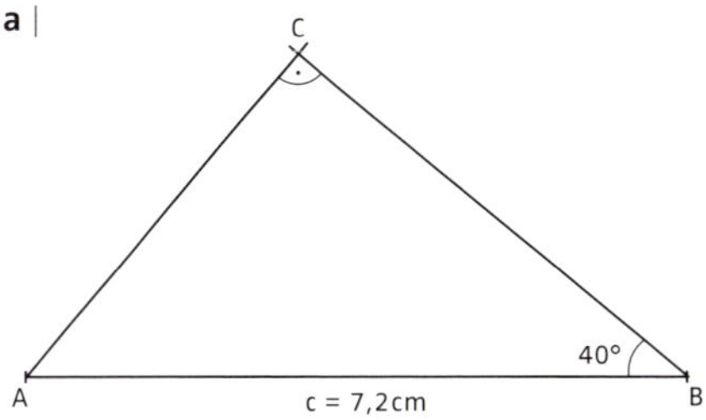

b |

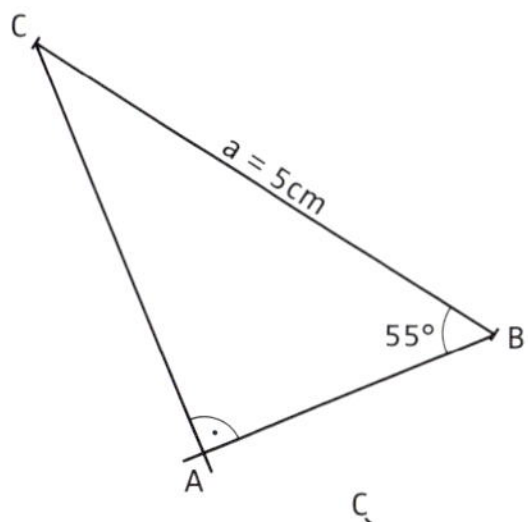

c |

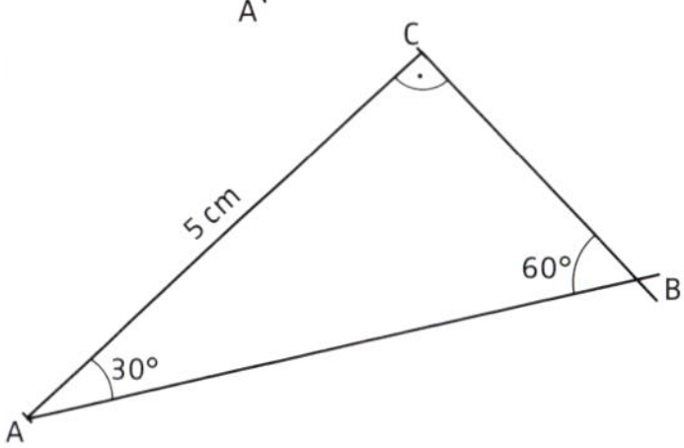

d | Das Dreieck ist nicht konstruierbar.

15 | → Seite 83

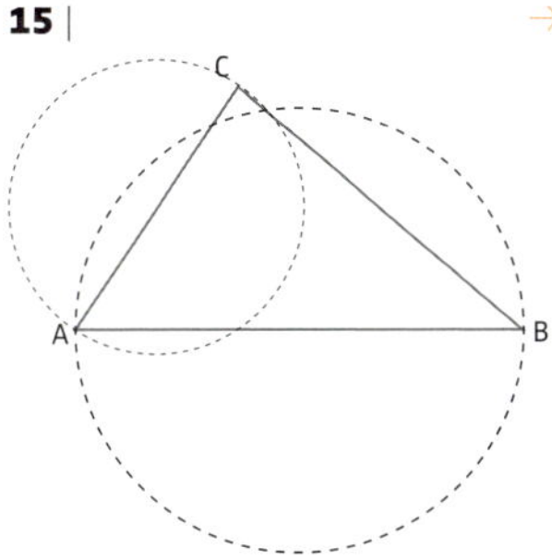

16 | → Seite 83

a |

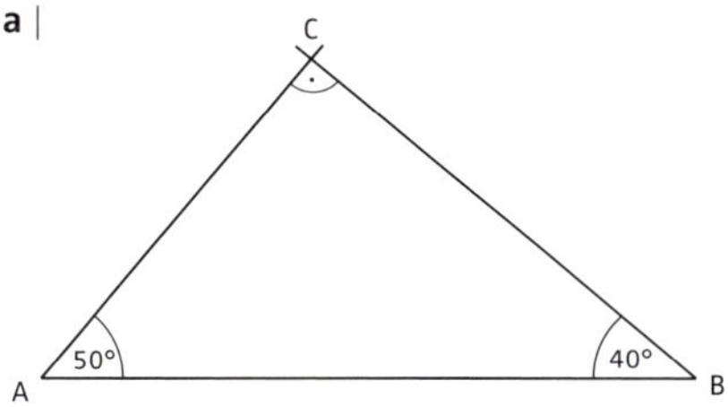

b |

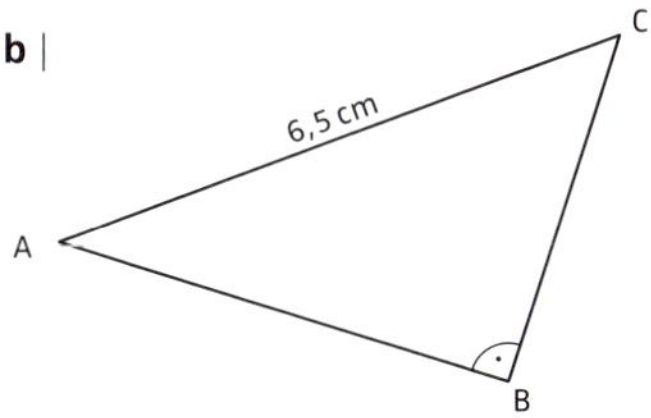

17 | → Seite 83

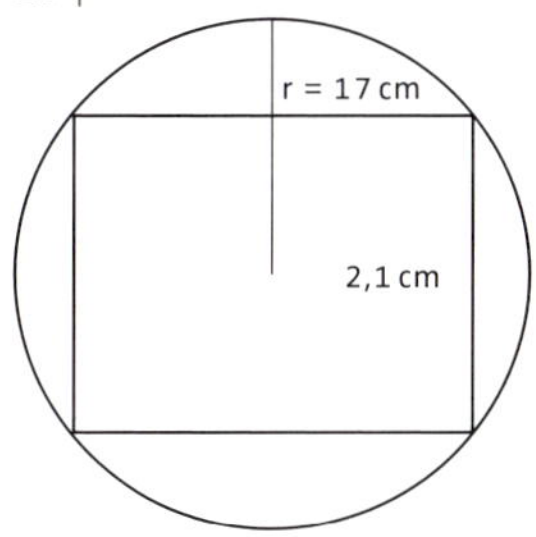

18 | → Seite 83

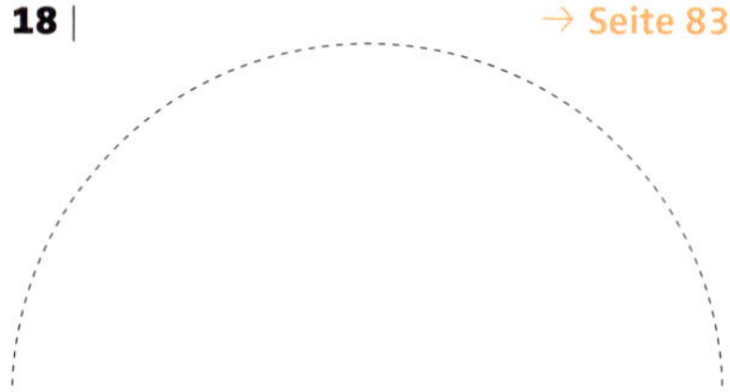

19 | → Seite 83

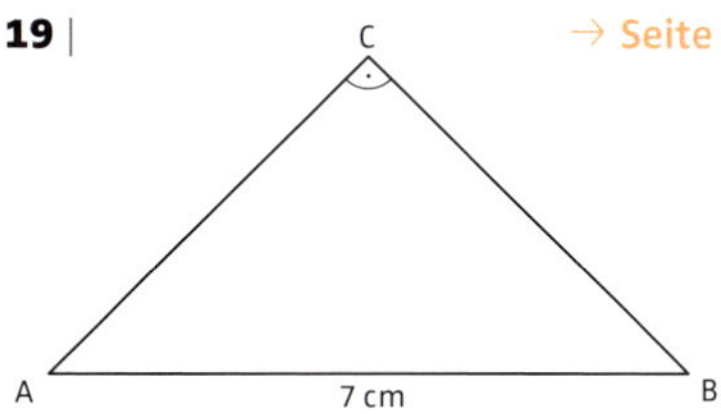

20 | → Seite 83

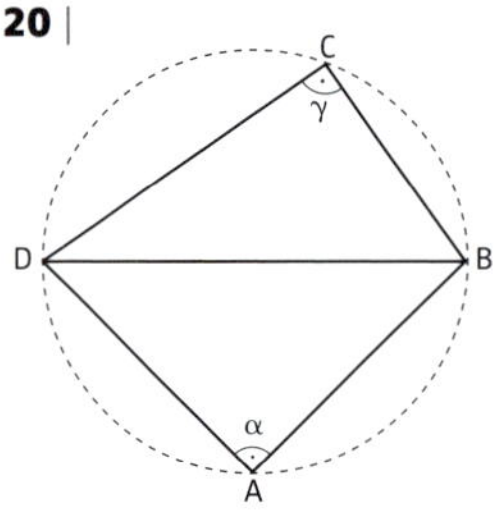

Die Ecken A und C liegen auf dem Thaleskreis über der Diagonalen BD.

21 | → Seite 83

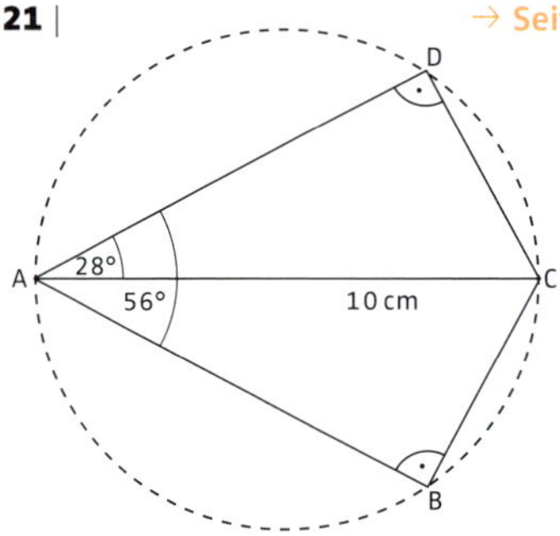

22 | → Seite 84

$\alpha_1 = 36{,}5°$; $\alpha_2 = 17°$

23 | → Seite 84

Ein Kreis mit dem **Durchmesser** AB heißt **Thaleskreis** über der Strecke AB. Für jeden Punkt C, der auf diesem **Kreisrand** liegt, gilt:
- Der Winkel $\sphericalangle$ ACB ist ein **90°-**Winkel (**rechter** Winkel);
- das Dreieck ABC ist **rechtwinklig.**

24 | → Seite 84

a | $\alpha = 52°$, $\beta = 180° - 52° - 90° = 38°$, $\gamma_2 = \beta = 38°$; $\epsilon = 180° - 38° - 38° = 104°$, $\gamma_1 = 90° - \gamma_2 = 52°$, $\delta = 180° - 52° - 52° = 76°$,
b | $\epsilon = 103°$, $\gamma_2 = \beta = (180° - 103°) : 2 = 38{,}5°$, $\delta = 180° - \epsilon = 77°$, $\gamma_1 = 90° - \gamma_2 = 51{,}5°$, $\alpha = 180° - \delta - \gamma_1 = 51{,}5°$
c | $\gamma_1 = \alpha = 57°$, $\delta = 66°$, $\beta = \gamma_2 = 90° - \gamma_1 = 33°$, $\epsilon = 114°$
d | $\delta = 28°$, $\epsilon = 180° - \delta = 152°$; $\alpha = \gamma_1 = 76°$; $\gamma_2 = \beta = 14°$

7. Berechnungen an Vielecken und Prismen

FLÄCHENINHALTE VON DREIECKEN UND VIERECKEN

1 | → Seite 88

a | A = 12 cm²; **b** | A = 172,5 mm²;
c | A = 4590 cm²; **d** | A = 56 000 cm² = 5,6 m²

2 | → Seite 88

a | A = 10,5 m²; **b** | A = 10 cm²;
c | A = 17,5 m²; **d** | A = 6 cm²;
e | A = 2,25 km²; **f** | A = 75 m²;
g | A = 36 cm²; **h** | A = 30 cm²

3 | → Seite 88

a | A = 240 cm²; **b** | A = 360 cm²;
c | A = 21 cm²; **d** | A = 45 cm²

4 | → Seite 88

A = 2000 cm² = 0,2 m²

5 | → Seite 89

a | A = 12 cm²; **b** | A = 14 cm²;
c | A = 80,5 cm²; **d** | A = 30 cm²

6 | → Seite 89

a | Der Flächeninhalt des Fensters ist 0,48 m² groß. **b** | Es kostet 15,36 €.

7 | → Seite 89

Die Weide ist 7800 m² groß.

8 | → Seite 89

10 320 m² = a · 120 m
a = 86 m; die Weide ist 86 m breit.

9 | → Seite 89

Der Querschnitt des Kanals beträgt 70 m².

10 | → Seite 90

a | Dreieck: A = 12 cm²
b | Trapez: A = 27,5 cm²
c | Parallelogramm: A = 16,8 cm²
d | Rechteck: A = 18,2 cm²

11 | → Seite 90

	TRAPEZ	RECHT-ECK	QUAD-RAT
Seite a	9 mm	12 m	5,5 cm
Seite c	6,75 mm	7 m	5,5 cm
Flächen-inhalt A	63 mm²	84 m²	30,25 cm²
Höhe	8 mm	7 m	5,5 cm

	DREI-ECK	PARAL-LELO-GRAMM
Seite a		70 mm
Seite c	6 m	
Flächen-inhalt A	6 m²	28 cm²
Höhe	2 m	4 cm

12 | → Seite 91

a |

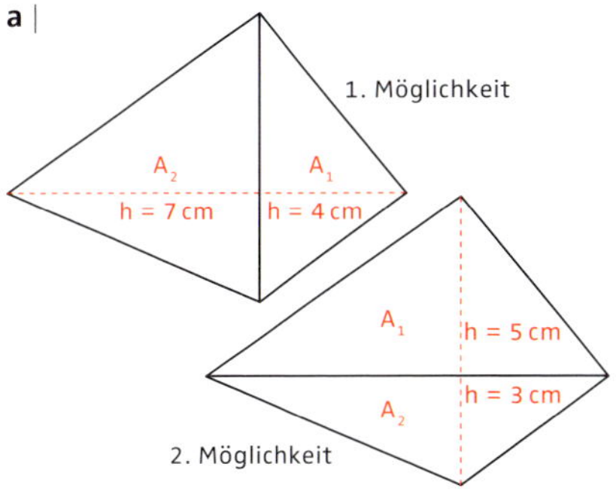

b | 1. Möglichkeit: $A_{D1} = 16$ cm²; $A_{D2} = 28$ cm²; 2. Möglichkeit: $A_{D1} = 27{,}5$ cm²; $A_{D2} = 16{,}5$ cm²

c | 1. Möglichkeit: $A_V = 44$ cm²; 2. Möglichkeit: $A_V = 44$ cm²

d | Wenn die beiden Möglichkeiten der Zerlegung zu unterschiedlichen Flächeninhalten für das Viereck führen, muss die Rechnung einen Fehler enthalten.

PRISMEN

13 | → Seite 94

a |

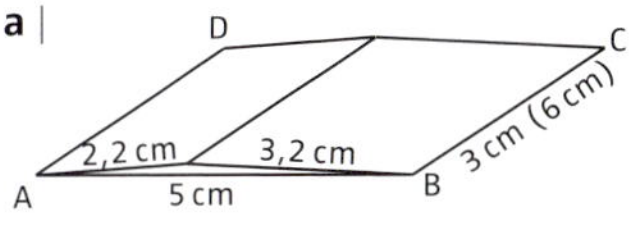

b |

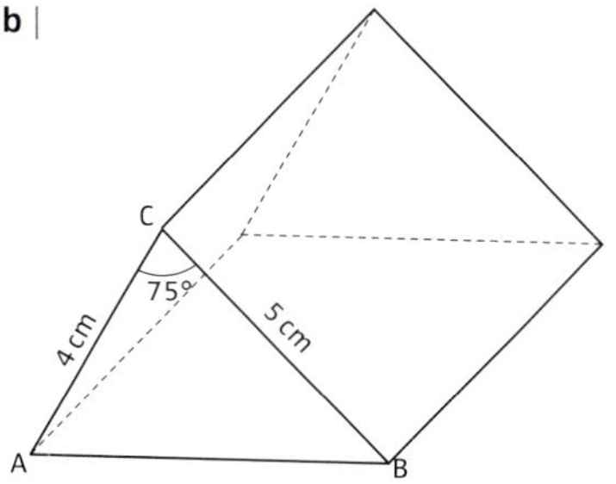

14 | → Seite 94

a |

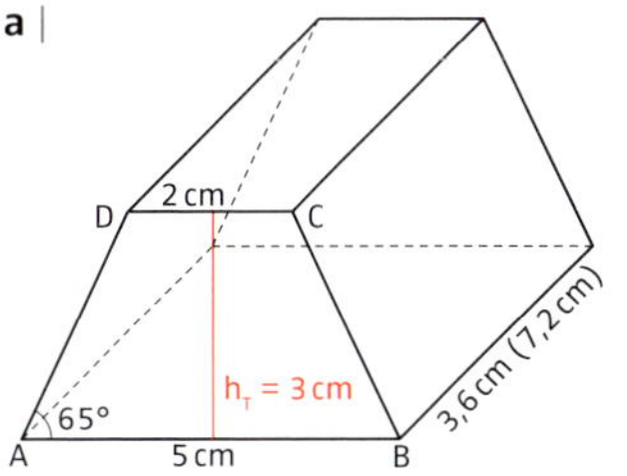

b |

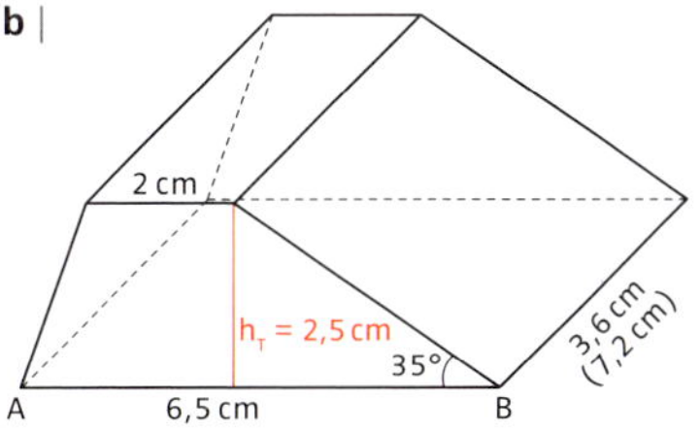

15 | → Seite 94

a |

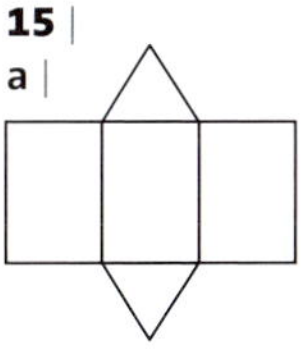

b |

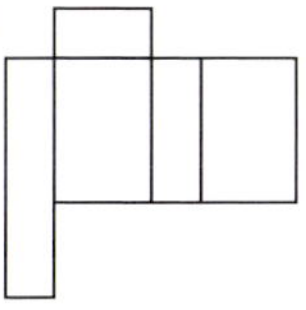

oder

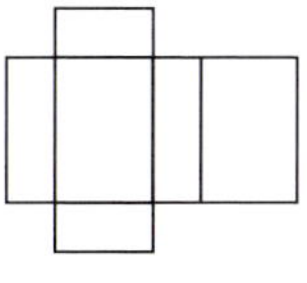

16 | → Seite 94

zu 13 a)

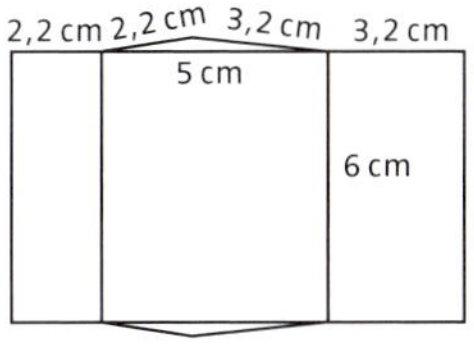

zu 14 a)

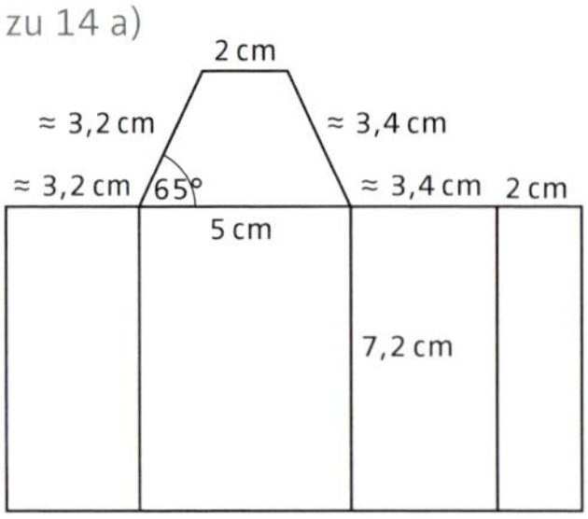

17 | → Seite 94

a | A = 84 cm^2
(Die eine Seite steht senkrecht auf der anderen. So ist die eine Seite gleichzeitig die Höhe.)

b |

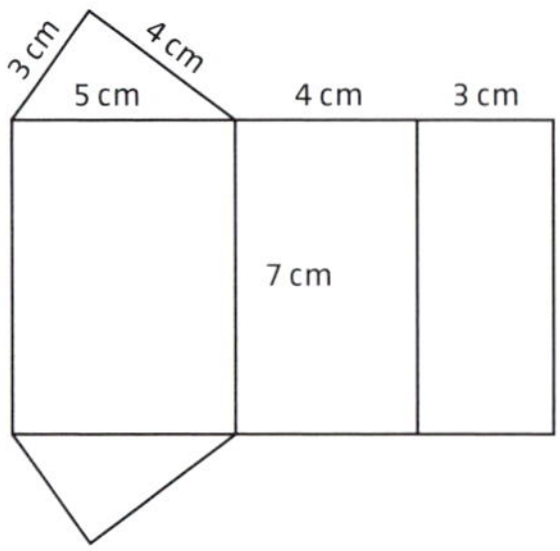

18 | → Seite 94

a | b = 6 cm; **b** | A_0 = 588 cm^2

c |

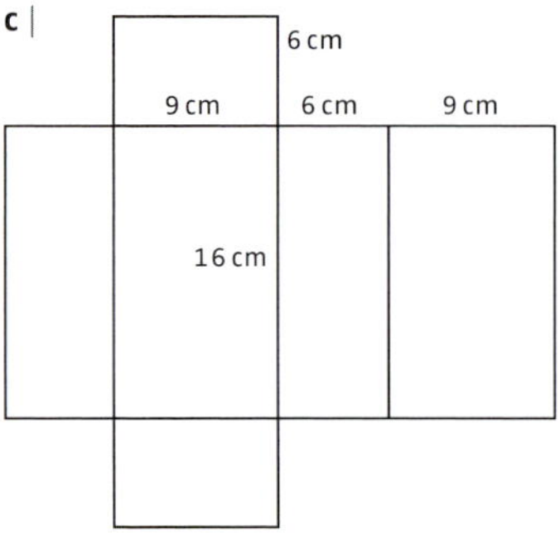

19 | → Seite 95

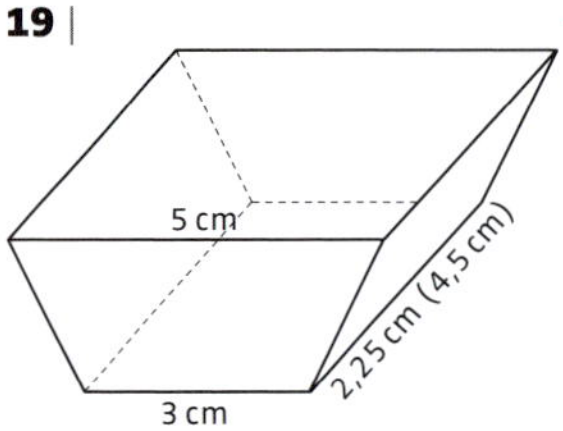

20 | → Seite 95

V = 97,2 cm^3

21 | → Seite 95

V = 243 cm^3

Schrägbild:

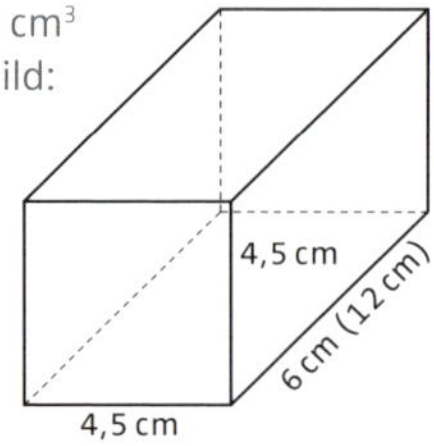

Netz:

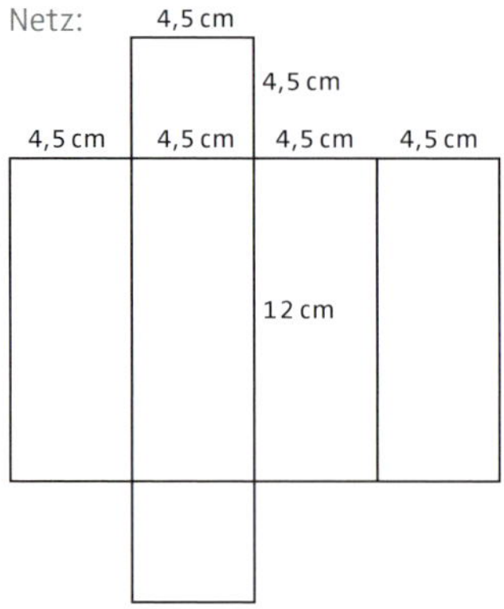

22 | → Seite 95

a | V = 1800 cm^3

b |

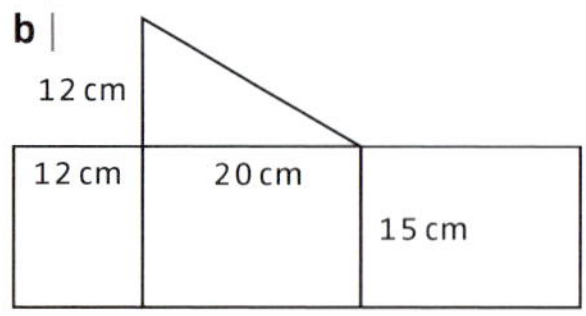

23 | → Seite 95

Das Kanalstück beinhaltet 2575 m^3 Wasser, das sind 2 575 000 Liter.

24 | → Seite 96

zutreffend:
Würfel: c | + e |;
Quader: c | + e |;
Prisma: b | + d |

25 | → Seite 96

V_{Haus} = 480 m^3; V_{Dach} = 180 m^3; V_{gesamt} = 660 m^3

26 | → Seite 96

a | A = 5,7 cm^2

b | A_M = 3,8 · 14 cm^2 + 2 · 3,6 · 14 cm^2
= 154 cm^2

c | A_0 = (154 + 2 · 5,7) cm^2 = 165,4 cm^2
Man braucht 165,4 cm^2 Pappe.

d | V = 79,8 cm^3; Die Schokoladenpackung hat ein Volumen von 79,8 cm^3. Es passen 103,7 g ≈ 104 g Schokolade hinein.

8. Daten und Wahrscheinlichkeiten

ZUFALLSEXPERIMENTE UND WAHRSCHEINLICHKEITEN

1 | → Seite 100

a | Ω = {(1;1;1); (1;1;2); (1;1;3); ...; (3;1;1); (3;1;2); ...; (6;6;6)}
b | Ω = {(Kopf; Kopf; Kopf); (Kopf; Kopf; Zahl); (Kopf; Zahl; Kopf); (Zahl; Kopf; Kopf); (Kopf; Zahl; Zahl); (Zahl; Kopf; Zahl); (Zahl; Zahl; Kopf); (Zahl; Zahl; Zahl)}
c | Ω = {(1;K); (1;Z); (2;K); (2;Z); (3;K); (3;Z); (4;K); (4;Z); ...; (6;K); (6;Z)}

2 | → Seite 100

a | Ω = {1; 2; 3; 4; 5; 6}
Anzahl günstige Ereignisse: 1
Anzahl mögliche Ereignisse: 6
$p(E) = \frac{1}{6}$
b | Ω = {11; 12; 13; 14; ...; 63; 64; 65; 66}
Anzahl günstige Ereignisse: 2
Anzahl mögliche Ereignisse: 36
$p(E_{3,6}) = \frac{1}{6} \cdot \frac{1}{6} + \frac{1}{6} \cdot \frac{1}{6} = \frac{2}{36} = \frac{1}{18}$

3 | → Seite 101

a | Ω = {11; 12; 13; 14; ...; 63; 64; 65; 66}
Anzahl günstige Ereignisse: 4 (14; 41; 23; 32)
Anzahl mögliche Ereignisse: 36
$p(E_{\text{Summe 5}}) = \frac{4}{36} = \frac{1}{9}$
b | Ω = {(K;K;K;K); (K;K;K;Z); (K;K;Z;K); (K;Z;K;K); ...; (Z;Z;K;Z); (Z;Z;Z;Z)}
Anzahl günstige Ereignisse: 4
Anzahl mögliche Ereignisse: 16
$p(E) = \frac{4}{16} = \frac{1}{4}$

4 | → Seite 101

a | $p(E) = \frac{3}{6} = \frac{1}{2}$; **b** | $p(E) = \frac{3}{6} = \frac{1}{2}$; **c** | $p(E) = \frac{1}{6}$

5 | → Seite 101

$p(E) = 6 \cdot \frac{1}{6} \cdot \frac{1}{6} = 6 \cdot \frac{1}{36} = \frac{1}{6}$

6 | → Seite 101

$p(E) = \frac{2}{6} = \frac{1}{3}$

7 | → Seite 101

Beispiele für:
Laplace-Versuch: Würfeln, Münzwurf, Kugeln ziehen mit zurücklegen
kein Laplace-Versuch: Ziehung der Lottozahlen, 10 Eintrittskarten werden nacheinander verlost.

8 | → Seite 101

Nein, dieses Experiment ist nur dann ein Laplace-Versuch, wenn die gezogenen Kugeln wieder zurückgelegt werden.

MEHRSTUFIGE ZUFALLSEXPERIMENTE

9 | → Seite 104

$p(E) = \frac{4}{16} = \frac{1}{4}$

10 | → Seite 104

$p(E) = 6 \cdot \frac{1}{6} \cdot \frac{1}{6} = 6 \cdot \frac{1}{36} = \frac{1}{6}$

11 | → Seite 104

$p(E) = \frac{23 \cdot 24}{42 \cdot 41} + \frac{18 \cdot 17}{42 \cdot 41} = 49{,}8\ \%$
Louisa hält mit einer Wahrscheinlichkeit von 49,8 % zwei gleiche Socken in der Hand.

12 | → Seite 104

a | 3,92 %; **b** | 9,8 %;
c | 1– P(E) = 1 – 0,554 = 0,446 = 44,6 %
d | zu **a** |: 3,29 %; zu **b** |: 13,6 %;
zu **c** |: 47,1 %

13 | → Seite 104

a | $p(E) = 36 \cdot \left(\frac{1}{8} \cdot \frac{2}{7} \cdot \frac{1}{6}\right) = 21{,}4\ \%$
b | 7,1 %; **c** | 42,9 %

14 | → Seite 105

a | 37,5 %; **b** | 50 %

15 | → Seite 105

$p(E) = \frac{1}{9} \approx 11{,}1\ \%$

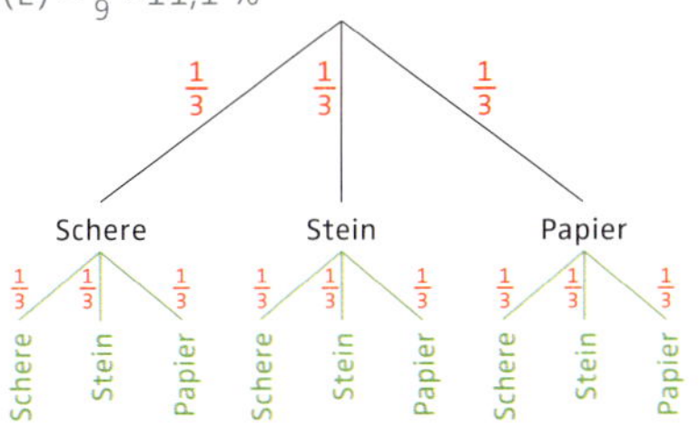

16 | → Seite 105

1. Glücksrad: $P(E) = 3 \cdot \left(\frac{1}{4}\right)^2 \cdot \frac{3}{4} = 14{,}1\ \%$
2. Glücksrad: $P(E) = 3 \cdot \left(\frac{1}{3}\right)^2 \cdot \frac{2}{3} = 22{,}2\ \%$

Beim ersten Glücksrad ist die Chance höher.